MÉMOIRE

A L'APPUI DE LA DEMANDE EN CONCESSION

D'UNE

MINE DE FER

Dans la Meurthe,

FAITE PAR MM. BARBE PÈRE ET FILS,

Propriétaires des usines et haut-fourneau
de TUSEY (Meuse).

———— ➤➤◆◆◆ ————

NANCY,

IMPRIMERIE DE HINZELIN ET Cᵉ, LIBRAIRES-ÉDITEURS,

Rue Saint-Dizier, 67.

1865.

TABLE DES MATIÈRES.

EXPOSÉ DES FAITS.

Frappé de l'avenir brillant réservé à la métallurgie du fer dans la Meurthe, M. Barbe fils, administrant alors les usines de Tusey (Meuse) [*note 1re*], forma en 1861 une association avec M. Barbe père, pour faire des recherches de mine, et fonder un établissement capable de fournir à leurs fonderies de Tusey, la fonte de moulage, que cette usine tire de l'étranger ; et au commerce, la fonte de fer, dont la consommation devient chaque jour plus importante, en attendant que, dans un avenir peu éloigné, ils puissent monter eux-mêmes des fours à puddler et un laminoir.

C'est alors que MM. Barbe père et fils achetèrent l'usine de Pont-à-Mousson. Une surenchère de cent mille francs environ les contraignit à renoncer à cet établissement, qui, éloigné de la mine, laissait, du reste beaucoup à désirer sous le rapport de sa position. D'ailleurs, ils préféraient construire un établissement nouveau, remplissant mieux leur but, et avaient déjà jeté les yeux sur un emplacement réunissant les avantages suivants : minerai dans l'usine, port sur le canal de la Marne au Rhin et raccordement possible avec le chemin de fer de Paris à Strasbourg. Il s'agissait des terrains sur lesquels ils bâtissent aujourd'hui.

En se plaçant entre la concession de la Voiletriche à gauche et de Liverdun à droite, on avait chance de rencontrer du minerai. Des recherches sérieuses étaient toutefois nécessaires.

En effet, le terrain non concédé, ainsi que l'indique le plan annexé à ce Mémoire, est séparé de la concession de la Voiletriche par une cassure profonde, annonçant la présence probable d'une faille importante. Une seconde cassure, faisant avec la première un angle d'environ 45°, s'avance assez loin dans la côte. Ces deux accidents pouvaient avoir modifié profondément et sur une grande étendue l'allure et l'épaisseur de la couche ; ils pouvaient la rendre inexploitable économiquement. Trois faits semblaient corroborer cette opinion : un puits fait par M. Salin, entre les deux cassures indiquées plus haut, n'avait rencontré que des épaisseurs de minerai inexploitables ; d'un autre côté, MM. Puricelli ne faisaient aucuns travaux dans leur concession de Liverdun, on prétendait même, dans le pays, que les couches traversées par leurs sondages se trouvaient au-dessous du niveau de la Moselle ; enfin, l'absence de recherches au-delà de cette concession, au moment où les moindres lambeaux de terrain minier sont fouillés par de nombreux chercheurs. En admettant même des recherches heureuses, on ne pouvait espérer mettre à nu que les couches de minerai exploitées dans la concession Hazotte, située de l'autre côté de la Moselle, couches très-denses, qui exigent plus de travail des mineurs, une consommation de poudre plus grande, et surtout un triage très-dispendieux, afin d'amener la mine à un rendement de 30 à 31 0/0. Malgré la déception de M. Salin, et les chances à courir pour l'avenir, MM. Barbe père et fils, après les études préalables, demandèrent, le 20 février 1863, à faire un puits de recherches. Les travaux commencés le 25 mai furent couronnés de succès; la mine en place était découverte en novembre de la même année, et la concession du gîte demandée par une pétition du 14 novembre. En même temps, les pétitionnaires, forts de l'impartialité de MM. les Ingénieurs des mines, et de l'équité de l'Administration supérieure; s'appuyant, du reste, sur les conseils donnés et les décisions prises précédemment par le Gouvernement, qui toujours avait favorisé de tout son pouvoir la création d'usines nouvelles, bien placées, commençaient leurs achats de terrains pour pouvoir ouvrir des galeries de reconnaissance, s'assurer de l'allure du gîte, de sa valeur, et ensuite établir les fourneaux projetés.

Dans ce but, le 21 novembre 1863, ils demandaient à acquérir les terrains appartenant à l'Etat, le long du canal (*note* 2).

En décembre 1863, ils achetaient de M. Lorrin, de Frouard, toutes ses propriétés sur le ban de Liverdun.

En agissant ainsi, ils suivaient les inspirations de MM. les Ingénieurs des mines, donnaient à l'Administration des gages de leur ferme volonté de construire une usine importante, et, par suite, avaient non-seulement l'espoir, mais encore la certitude d'être traités comme ceux de leurs devanciers qui avaient agi de même, c'est-à-dire que MM. Barbe comptaient sur un avis favorable de l'Administration.

Marchant en toute sécurité, le 12 mars, le 24 avril 1864, deux autres actes d'acquisition étaient passés.

En même temps, les demandeurs se munissaient d'autorisations spéciales (*note* 3), pour la construction d'ateliers de réparations et de baraquement pour les ouvriers; et, afin de se créer un lieu de dépôt pour la mine, ils se chargeaient à leurs frais (*note* 4) du nivellement d'un terrain appartenant à l'Etat.

La galerie de mine fut ouverte le 8 avril 1864, au fond d'une tranchée de 31 mètres en longueur. Suivant l'avis de MM. les Professeurs de l'École des mines, qui enseignent que chaque fois qu'une galerie doit durer plus de dix à douze ans, il est plus avantageux de la murailler que de la boiser, surtout dans les terrains bouleversés, vu le bon marché de la pierre, qui est à pied d'œuvre, cette galerie destinée à servir de roulage pour le minerai d'une usine importante fut muraillée au fur et à mesure de son avancement. Le 29 avril 1864, jour où surgit la concurrence, l'avancement mesurait 40 mètres : tout était maçonné.

Forts de leurs intentions loyales, puisque, dès le 21 novembre 1863, ils demandaient à acquérir des terrains appartenant à l'Etat, pour l'installation d'une usine ; forts des sacrifices déjà faits, en temps et en argent, MM. Barbe père et fils étaient loin de penser que MM. André et Ménisson, après avoir abandonné sans motifs la demande en concession qu'ils avaient faite pour le territoire de Maxéville, en concurrence avec d'autres pétition-naires, viendraient à nouveau se poser en concurrence avec eux, la veille de l'expiration du délai d'enquête, dans l'espoir de s'emparer de travaux faits, sans courir aucuns risques et au grand détriment des premiers demandeurs, ou tout au moins dans le but de retarder la création d'une nouvelle usine destinée à fournir aux consommateurs, à prix réduit, une des matières premières les plus importantes.

Sans se laisser arrêter par les inquiétudes que fait naître toute concurrence en demande de concession, quelque injuste qu'elle soit, MM. Barbe père et fils, puisant toute sécurité dans l'impar-tialité de MM. les Ingénieurs des mines, qui les encourageaient dans leur entreprise et dans la haute équité du Gouvernement, continuèrent leurs travaux avec la même activité et la même énergie qu'avant.

Déjà, le 1er avril 1864, ils avaient (note 5) adressé à M. l'Ins-pecteur des forêts de Nancy, une demande pour exploiter une carrière devant leur fournir à la fois, le moellon de bâtisse pour les constructions et la castine pour les fourneaux.

Pour doubler leurs chantiers d'abatage, ils demandaient, le 1er mai (note 6), l'autorisation d'ouvrir une autre carrière, ce qui leur fut accordé et ce qui est exécuté aujourd'hui.

A la même époque (note 7), ils sollicitaient de la commune de Liverdun le détournement d'un chemin.

Le 2 mai, ils demandaient l'autorisation d'extraire du sable et du gravier de la Moselle (note 8), dans l'espoir de pouvoir faire quelques maçonneries avant l'hiver, ou tout au moins, afin d'avoir des matériaux à pied d'œuvre quand besoin en serait.

Après de nombreuses démarches près de MM. les administra-teurs du Bureau de bienfaisance de Liverdun, MM. Barbe père et fils (note 9) devenaient propriétaires de nouveaux terrains.

Le 9 mai, ils proposaient à la commune (note 10) un échange de terrains qu'ils ont obtenu en partie. Le 18, ils demandaient et obtenaient de louer (note 11), la majeure partie des terrains appartenant à l'Etat.

La mine en place ayant été recoupée par la galerie, quoique, suivant les prévisions émises plus haut, on n'eût trouvé que les couches exploitées dans la concession Hazotte, on pouvait désor-mais être sûr de pouvoir alimenter une usine à Liverdun, sans être obligés de passer par les exigences des marchands de mi-nerai. Aussi, le 23 mai, un autre contrat d'acquisition était passé. Le 28, MM. Barbe père et fils sollicitaient et obtenaient (note 12) la location d'une partie de l'emplacement réparé à leurs frais, et l'établissement, en ce lieu, d'une estacade pour le déchargement de la mine.

Le 4 juin, leur demande en construction d'usine (*note* 13) était déposée à la Préfecture de la Meurthe, et le 24, ils y joignaient la demande spéciale (*note* 14) concernant les chaudières et les machines.

Le 8 juin, le 20 août 1864, de nouvelles acquisitons de terrains étaient faites par actes authentiques.

Le 30 août (*note* 15), l'Administration forestière avait donné un avis favorable à la construction de l'usine et des maisons d'ouvriers.

Le 31 août, MM. Barbe père et fils recevaient la visite de M. l'Ingénieur en chef.

La galerie principale, muraillée d'un bout à l'autre, mesurait plus de 140 mètres ; des ateliers de réparation étaient installés ; des pierres, du bois, du sable, étaient à pied d'œuvre pour la continuation des travaux, tels qu'ils avaient été commencés et les avant-projets des fourneaux étaient arrêtés.

La construction de ces fourneaux, exigeant l'enlèvement d'un cube considérable de déblai (environ 20,000 mètres), comme on peut le voir par le plan annexé, et d'un autre côté, le raccordement avec le chemin de fer demandant l'épaississement du remblai sur lequel il est assis, il était rationnel d'utiliser immédiatement les terres venant de l'usine, à la création de ce remblai. Aussi, le 28 septembre (*note* 16), MM. Barbe père et fils demandaient à M. le Directeur de la Compagnie des chemins de fer de l'Est l'autorisation de se relier à la voie ferrée. Les études de ce raccordement, quoique poussées sans relâche, ne furent terminées que dans les premiers jours de janvier 1865.

Le 16 janvier, MM. Barbe père et fils demandaient (*note* 17) l'autorisation d'établir les voies nécessaires au transport des déblais, et à la construction du raccordement. Le 20 (*note* 18), ils sollicitaient la concessisn d'autres terrains appartenant à l'Administration ; et le même jour, ils demandaient (*note* 19) à jeter, sur le canal de la Marne au Rhin, un pont en tôle destiné à relier directement l'usine avec le chemin de fer.

Le 21 janvier, M. l'Ingénieur en chef, étant venu à nouveau sur les lieux, fut mis au courant de toutes les études faites et put examiner le devis de raccordement envoyé par la Compagnie de l'Est et approuvé par MM. Barbe père et fils.

Le 25 mars 1865, un nouveau contrat d'acquisition de terrains, permit de créer un double raccordement sur les deux bords du chemin de fer, et ce travail est commencé aujourd'hui.

Par acte sous seing privé et enregistré, MM. Barbe père et fils ont acquis les machines et matériaux nécessaires à la construction de leurs deux premiers hauts-fourneaux à Liverdun. Les travaux **commencés** sont poussés avec la plus grande activité, et l'ingénieur de l'usine assure la mise en feu du premier haut-fourneau pour la fin de 1865.

Par le même acte sous seing privé, une société au capital de un million, dans laquelle MM. Barbe père et fils entrent pour cinq cent mille francs, a été formée dans le but de transporter à Liverdun une usine mal placée, appartenant aux commanditaires.

C'est donc pour alimenter leurs futurs hauts-fourneaux de Liverdun, et leur usine de Tusey, dont les besoins sont incontestables, que MM. Barbe sollicitent une concession sur le territoire de Liverdun.

MM. André et Ménisson s'étant bornés à des démarches, sans faire aucuns travaux, sans acquérir aucun terrain, nous n'aurions donc qu'à émettre des hypothèses à leur égard, mais nous devons nous renfermer dans le domaine des faits accomplis.

DE L'IMPORTANCE, POUR L'EXISTENCE DE TUSEY, D'UNE CONCESSION DE MINERAI A LIVERDUN.

L'usine de Tusey a un haut-fourneau marchant au combustible mixte, et produisant en moyenne quatre tonnes de fonte par jour ; en outre, elle consomme une grande quantité de fonte étrangère pour sa seconde fusion. Les minerais qu'elle fond viennent des plateaux de Tréveray et de Biencourt. Lavés à Laneuveville, dans un affluent de l'Ornain, ils sont conduits par bateaux à Sauvoy, et de là, par chariots, à Tusey, où leur prix ressort à 12 fr. les 1,000 kilog. Leur rendement étant de 40 0/0, en moyenne, on met 30 fr. de minerai à la tonne de fonte.

En mettant à la charge deux tiers de minerai de l'Ornain, et un tiers de minerai de Liverdun, ce qui n'altère pas sensiblement la qualité des fontes grises de moulage, seules consommées à Tusey, puisque la teneur en phosphore est presque indifférente, on obtient une économie notable dès maintenant, et plus importante encore dans l'avenir, quand le chemin de fer de Chaumont à la ligne de Paris à Strasbourg sera terminé et traversera Tusey, en suivant la vallée de la Meuse, pour aller se souder à Pagny, à la ligne de l'Est et au canal.

PRIX ACTUELS.	PRIX APRÈS LA CONSTRUCTION DE LA LIGNE DE LA MEUSE.
Minerai de Liverdun, en bateau 3f00	Minerai de Liverdun, en wagons..... 3f00
Transport à Sauvoy.. .... 1 25	Transport à Tusey, 41 kilom. à 0f05. 2 05
Déchargement........ . . .. 0 35	Déchargement par 1,000 kilog...... 0 05
Cassage à l'anneau de 6 et triage.... 0 45	Cassage et second triage..... .... 0 45
Charg.t sur voitures et transp.t à Tusey 1 20	
6 25	5 55

La minette de la Meurthe, triée avec soin sur le carreau de la mine, et en second lieu pendant le cassage à l'usine, peut rendre 31 0/0 au fourneau.

Nous pourrions donc, dès maintenant, réaliser une économie de 3 fr. 35, et, plus tard, de 4 fr. 06 ; économie qu'il faut, il est vrai, diminuer un peu, par suite de la plus grande consommation de coke, la mine de la Meurthe exigeant plus de combustible que celle de l'Ornain et de la Marne, mais qui sera néanmoins très-sensible, par suite de la réduction de nos frais généraux.

Tusey n'étant qu'à 41 kilomètres, par rails, de la minière de Liverdun, nous aurons alors un avantage certain d'y achever l'installation d'un second haut-fourneau préparé autrefois, et d'y reprendre la fabrication des gros moulages avec tout le matériel, modèles et châssis qui y existe, et qu'on n'utilise plus depuis si longtemps. Cette usine se trouvera placée, par rapport à sa minière, dans les mêmes conditions que l'usine de Novéant l'est par rapport à sa minière de Pompey.

D'un autre côté, quoique les essais faits par nous depuis 1861 tendent à nous faire croire qu'on ne peut guère dépasser la proportion d'un tiers de minette de Liverdun, pour les fontes de moulage fines, produites aujourd'hui à Tusey, il se peut, cependant, qu'on puisse arriver à augmenter cette proportion ; c'est ce que l'expérience décidera.

DE L'OPPORTUNITÉ D'UNE USINE MÉTALLURGIQUE A LIVERDUN, SUR LE CANAL ET LE CHEMIN DE FER.

La mine de Liverdun a cela de particulier, c'est que, par une heureuse disposition des lieux, elle peut verser ses produits dans le gueulard des fourneaux, tandis que le canal de la Marne au Rhin et le chemin de fer de l'Est passent à leurs pieds.

Il s'en suit que, le canal de la Sarre étant livré au trafic, le coke coûtant dès lors 23 fr. 50 les 100 kilog. rendu à l'usine, prix qui résulte pour nous d'offres qui nous ont été faites ; et le minerai trié et cassé à l'anneau de 15, grosseur admise pour les fourneaux de grande dimension, ressortant à 3 fr. 20 la tonne, le prix de la fonte d'affinage sera :

1,400 kilog. de coke à 23 fr. 50		32'90
3,200 id. de minerai à 5 fr. 20		10 24
Castine		00 60
Frais généraux		11 26
Total		55'00

Quant à l'expédition des produits, qu'elle se fasse par eau ou par chemin de fer, Liverdun, placé sur le canal et la voie ferrée, aura toujours, même sur les fourneaux existant actuellement dans la Moselle, une économie de transport proportionnelle à la distance qui les sépare de Frouard, obligés qu'ils sont de diriger leurs produits sur ce point. On peut donc espérer mettre en chargement à Liverdun de la fonte brute à un prix qui assurera certainement son écoulement, même à l'étranger.

D'un autre côté, Tusey achetant dans la Moselle toutes les grosses fontes nécessaires à sa vente et qu'elle a dû renoncer à fabriquer, telles que plaques, tuyaux, colonnes, etc., en même temps qu'elle y prend des bocages pour alimenter sa seconde fusion, pourra désormais, outre le minerai, demander avec avantage à une usine, son annexe, placée à Liverdun, toutes les fontes dont elle aura besoin, et assurera ainsi, à de bonnes conditions, le placement des produits d'un fourneau du nouvel établissement.

Tout en trouvant des avantages considérables à venir chercher à Liverdun une partie de la mine nécessaire à Tusey, nous avons donc été, en outre, forcément amené, pour suivre les conseils de MM. les Ingénieurs des mines et profiter d'une position toute exceptionnelle, à adopter l'idée de la création d'une usine à Liverdun, à en préparer la construction en achetant à l'avance les terrains, faisant toutes les études préliminaires, et demandant l'autorisation de la bâtir.

Aujourd'hui que quelques commanditaires se sont adjoints à nous, un développement bien plus rapide encore est assuré à cette usine, puisque les capitaux que nous voulions consacrer à sa construction ont été doublés.

ANALYSE DES OBSERVATIONS PRÉSENTÉES PAR MM. ANDRÉ ET MÉNISSON.

Nous ferons remarquer que, dans les demandes sérieuses, l'on s'enquiert d'abord des limites des concessions voisines. Il paraît que tel n'est point le cas, puisque ces Messieurs englobent dans leur périmètre environ 200 hectares déjà concédés, et, qu'avant cette dernière demande, ils avaient déjà sollicité un terrain minier à Maxéville, près Nancy, en concurrence avec d'autres postulants, et y avaient brusquement renoncé, sans motif bien déterminé.

Mais passons outre, et laissons la parole à MM. André et Ménisson :

« 1° *La concession que nous demandons renferme des gîtes de fer d'une exploitation facile et indispensable pour l'existence des usines très considérables que nous possédons dans la Meuse et la Haute-Marne.* »

MM. André et Ménisson ne sont connus que comme fermiers exploitants d'usines, et, ce qui nous confirme dans cette opinion, c'est que, à l'appui de leur demande, ils n'ont déposé que des extraits de patentes d'usine.

Les quatre fourneaux du Clos-Mortier ont produit 6,396 tonnes en 1863 ; ceux de Chamouilley, Cousances et Sermaize, marchant en moulage et étant de dimensions plus petites, produisent beaucoup moins.

Nous croyons donc qu'on ne peut admettre plus de 10,000 tonnes pour la production annuelle des fourneaux dont MM. André et Ménisson se sont déclarés propriétaires.

L'importance des usines et la position des demandeurs en concurrence étant bien déterminées, il reste à voir si une exploitation de mine dans la Meurthe est indispensable à l'existence des établissements exploités par MM. André et Ménisson.

L'exploitation des mines dans la Haute-Marne se borne à l'abatage à ciel ouvert et au lavage dans des boccards.

Certains fondeurs de la Haute-Marne et de la Meuse simplifient même beaucoup ce travail en se contentant d'effleurer les concessions qu'ils ont, sans les exploiter complètement, en sorte qu'on voit souvent d'anciens travaux être repris avec avantage, ce que nous avons déjà fait nous-mêmes. En outre, les gisements si importants de Bettancourt, d'Aulnoy et de Gourzon sont encore peu exploités ; aucun travail de sondage ayant une valeur certaine n'a encore été entrepris pour mettre à jour les couches de mine qu'on peut espérer trouver dans le pays. Enfin, les fondeurs de la Haute-Marne ont, dans les mines de la Blaise, qu'ils emploient déjà en ce moment, une ressource précieuse. En admettant que la Haute-Marne et la Meuse soient réellement sans minerai, ce qui n'est pas, puisque, comme nous le verrons plus loin, un chemin de fer va se créer pour l'exploitation de ces mines, il resterait encore à examiner si toutes les usines de ce pays, à productions très-limitées, éloignées de la houille, et qui n'ont pu se sauver jusqu'à présent, que par la qualité spéciale des produits due à la qualité des minerais, pourraient subsister encore en venant prendre leurs mines dans la Meurthe, et produisant un fer inférieur. Agir ainsi, ce serait aggraver d'autant plus leur position, que la fonte produite avec cette mine leur coûtera plus que celle fabriquée actuellement, comme nous le démontrerons plus loin.

« 2° *Le prix de revient de ce minerai sera assez avantageux pour nous permettre des mélanges avec des minerais plus riches, et nous permettre de livrer ainsi à la consommation des produits de qualité supérieure à des prix très-réduits.* »

Examinons le prix de revient de cette mine, en faisant les calculs pour l'usine la mieux placée, par rapport au canal qui est, nous le croyons, le Clos-Mortier :

Nous exploiterons à Liverdun les mêmes couches que celles recoupées dans la concession Hazotte ; nous y rencontrerons donc les mêmes difficultés, et notre prix de revient sera le même.

Constatons d'abord un fait reconnu par tous les exploitants et les métallurgistes de la Meurthe : c'est que la concession Hazotte est celle qui produit le minerai au plus haut prix, par suite de la difficulté du triage et de la plus grande consommation de poudre. Admettre pour prix de revient celui d'une exploitation voisine, sera donc prendre un minimum.

La mine dans l'estacade (*note* 20) pourra donc être estimée ainsi 2 fr. 50 les 1,000 kilogr. Il faut faire un triage avant de la charger en bateau, afin d'amener la teneur de cette minette à 31 % de fonte au fourneau. Ce travail coûte 15 c. de la tonne et produit un déchet d'environ 10 % du poids, soit 25 c. par 1,000 kilogr.

Le chargement nous coûtant 17 c., le prix de la tonne en bateau sera de 2 fr. 50 + 0,15 + 0,25 + 0,17 ; ensemble, 3 fr. 07 c. : admettons en chiffres ronds 3 fr.

Quant au transport, pour nous placer dans l'hypothèse la plus avantageuse, il faut supposer qu'il s'effectuera par des bateaux prenant charge en retour, c'est-à-dire par les bateliers flamands qui amènent actuellement du coke dans la Meurthe. Après informations prises sur le prix, et d'après les offres faites, comme nous le prouverons, le fret de Liverdun à Vitry vaudrait 2 fr. les 1,000 kilogr. Ce fret fait ressortir la tonne kilomètre à moins de 1 c. et demi. A ce prix, il nous faut ajouter celui de Vitry à Saint-Dizier, et le bateau exigera certainement au minimum 50 c. de supplément par tonne, surtout qu'il lui faudra, la plupart du temps, revenir vidange prendre charge à Vitry.

Constatons, cependant, qu'après l'ouverture du canal de la Sarre, qui aura lieu fin 1865, comme on nous l'a promis, la batellerie du Nord ne pourra plus venir dans la Meurthe nous apporter du coke, car, à ce moment, le coke prussien nous arrivera à 23 fr. 50 les 1,000 kilogr., tandis que le produit égal en qualité fourni par la Belgique ne pourra descendre au-dessous de 27 fr. Il s'en suivra donc que le courant de la batellerie étant changé, l'usine du Clos-Mortier ne pourra plus faire des transports en retour, et que, par suite, le fret devra, pour elle, dépasser de beaucoup 2 fr. 50 par tonne. Ainsi donc, le prix minimum de la minette sur bateau au Clos-Mortier sera de 5 fr. 50 c. les 1,000 kilogr. ; c'est, du reste, le prix indiqué par MM. André et Ménisson ; mais il faut lui ajouter encore le montant d'autres frais que nos concurrents ont négligé de faire entrer en compte. En effet, le bateau étant rendu à Saint-Dizier, le déchargement coûtera au minimum 35 c. par 1,000 kilogr.

Dans les conditions actuelles, il faudrait ensuite charger le minerai sur camions, le transporter à l'usine, et l'y décharger. En admettant une distance de 500 à 1,000 mètres à parcourir, ce travail coûterait au moins 65 c.

Cela fait, des casseurs réduisant la mine à la grosseur convenable pour être chargée dans un fourneau de petite dimension, c'est-à-dire de façon à ce qu'elle puisse passer dans un anneau de 6 centimètres, il résultera encore un déchet de cette opération par suite du triage des rognons marneux qui se trouvent fréquemment au milieu des blocs de la plus belle apparence. En ne tenant aucun compte de ce déchet, le cassage coûtera néanmoins 45 c. de la tonne.

Pour un minerai rendant 51 % en moyenne, le prix de revient

serait donc, après la construction du canal de Saint-Dizier, et dans les conditions les plus favorables :

Mine en bateau à Liverdun, les 1,000 kilog. 3ᶠ „ „ᶜ

Transport à Saint-Dizier — 2 80

Déchargement — » 35

Transport au Clos-Mortier — » 65

Cassage à l'anneau de 6, et triage — » 48

Total. 6 95

Il faudra 3,200 kilogr. de minerai à la tonne de fonte, et peut-être plus, soit 3,200 kilogr., × 6 fr. 95 = 22 fr. 24.

Or, si le prix de 22 fr. 24 est un minimum, cette même usine du Clos-Mortier met de 21 à 22 fr. de minerai de la Marne à la tonne de fonte ; et l'usine de Chamouilley, à laquelle le minerai de la Meurthe coûtera au moins le même prix, ne met que 18 à 20 fr. de mine de ses environs.

D'un autre côté, nous pouvons affirmer que ce prix de 21 à 22 fr. de minerai de la Marne peut être abaissé. Au lieu de mener à l'eau la terre à mine, que MM. André et Ménisson mènent l'eau à la terre à mine, ils abaisseront facilement leur prix de revient de 2 à 3 fr. par tonne de fonte, et les frais d'installation à faire seront bien moins élevés que ceux nécessités par l'ouverture d'une mine dans la Meurthe.

A Marquise, nous avons vu recueillir les eaux pluviales dans des trous sur le carreau même de la mine, et on y débourbait le minerai de façon à ne pas transporter de matière inerte. Pourquoi un procédé si simple et si peu onéreux ne pourrait-il s'appliquer dans la Marne ?

Des prix établis plus haut, il s'en suivrait donc, en admettant que la consommation du coke n'augmente pas, ce qui est inévitable, comme nous le verrons plus loin ; que le Clos-Mortier produirait à très-peu près, au même prix avec le minerai de la Meurthe qu'avec celui de la Haute-Marne ; mais, les fontes produites avec le minerai de la Meurthe se vendant moins cher que les similaires de la Haute-Marne, il en résulterait pour cette usine une baisse dans la valeur de ses produits, et, par conséquent, une perte provenant de l'emploi de cette mine oolithique.

3° « *Nous demandons également, et nous nous engageons à construire sur l'emplacement de la concession, au moins un haut-fourneau pour consommer sur place le minerai qui ne serait pas employé dans nos usines de la Meuse et de la Haute Marne.* »

MM. André et Ménisson n'ayant encore acquis aucune propriété, on peut croire qu'ils ont renoncé à leur projet de construction.

D'un autre côté, MM. Barbe père et fils, étant propriétaires de la plus grande partie des terrains à usine sur le front de la concession, comme on peut s'en rendre compte d'après le plan annexé, il serait plus que difficile, pour ne pas dire impossible, de construire une usine en dehors de leurs propriétés, et même d'exploiter économiquement les couches de minerai sans leur autorisation.

Examinons maintenant un imprimé publié par MM. André et Ménisson. En France, la législation a réservé à l'État le droit d'accorder des concessions à celui qu'il en jugerait le plus digne ; par suite, il a été suivi certaines coutumes, et c'est dans ce sens que ces Messieurs disent :

1° « *Le postulant qui a le plus de titres, c'est celui qui peut contribuer et à l'abaissement du prix et à l'amélioration des fers ; alors, il sert l'intérêt public, et c'est à lui qu'on doit une certaine protection.* »

Nous avons donc tous droits à cette protection, car, comme on le sait, nous ferons de la fonte d'affinage à 55 fr., tandis que le coke, similaire au nôtre, coûtant au moins 26 fr. les 1,000 kilog. au Clos-Mortier, et la mine de la Meurthe étant grevée d'un transport pour y arriver, cette usine produira toujours à des prix plus élevés que nos fourneaux de Liverdun. Quant à l'amélioration des fers par l'adjonction d'une certaine quantité de minette dans un lit de fusion où il n'y avait avant que des minerais de bonne qualité, nous n'y croyons pas plus que ceux qui n'ont pas craint de le dire. Nous ajouterons que le postulant doit, en outre, offrir des garanties sérieuses d'exploitation immédiate dans des conditions économiques, ce que nous offrons, comme l'ont reconnu MM. les Ingénieurs des mines, par l'examen de nos travaux, tandis que nos concurrents n'ont encore rien fait, pas plus à Maxéville qu'à Liverdun.

Laissant de côté la discussion de nos droits d'inventeurs et les aperçus géologiques de MM. André et Ménisson, qui pourraient leur donner bien des déceptions, si ces Messieurs venaient jamais à appliquer leurs idées à la direction de travaux de recherche de mine, nous trouvons le paragraphe suivant :

2° « *Mais alors pourquoi ce puits de recherche ? Pourquoi cette galerie en partie maçonnée allant aboutir au fond du puits ? Pourquoi ces travaux divers ayant l'apparence de constructions définitives et coûteuses ? Pourquoi ?*

» *Parce qu'on se trouvait en présence de concurrences sérieuses.*

» *Parce que ces Messieurs ne possédant pas de fourneaux, puisqu'ils avaient abandonné, même sans les exploiter, d'abord ceux de Pont-à-Mousson avec bénéfice, ensuite celui de Tusey plus utilement encore, voulaient, aux yeux de l'administration, se créer des titres que des spéculations métallurgiques, si heureuses qu'elles aient été, ne pouvaient leur fournir.* »

C'est à l'aide de notre puits de recherche traversant les couches minérales en places, que nous avons déterminé le niveau du minerai, sa puissance ; une faille existant dans la Voiletriche, ne nous permettait pas de nous fier aux indications données par l'exploitation voisine.

Des indications positives une fois obtenues, nous avons cru plus conforme aux idées économiques admises et à notre intérêt' de maçonner immédiatement la galerie destinée à rejoindre ce minerai et à servir de débouché principal à l'exploitation future, que d'avoir à exécuter plus tard ce travail dans de mauvaises conditions, après avoir fait la dépense de galeries provisoires, presqu'aussi onéreuses. Nous n'avons fait en cela que suivre l'exemple donné par les principaux exploitants des mines de la Moselle.

Du reste, appréciant la valeur de la position de Liverdun, dès le mois de mars nous étions devenus propriétaires d'une quantité considérable de terrains, tant pour ouvrir les galeries d'exploitation, que pour y créer une usine, et, dès lors, nous ne voulions que des installations durables et pouvant suffire aux exigences du bel avenir réservé à une position privilégiée.

Cette galerie maçonnée était commencée le 8 avril 1864, et 40 mètres de ce travail étaient terminés, avant qu'il fût question de la concurrence de nos adversaires, qui n'a surgi que le 29 avril.

Etre dépossédés de l'usine de Pont–à–Mousson par une surenchère de cent mille francs, est-ce l'abandonner? Chaque jour ne voit-on pas, dans toutes les ventes, des surenchères surgir quand on s'y attend le moins? Quant aux usines de Tusey, propriétaires des deux tiers de ces établissements, nous avons dû, par suite de mésintelligence avec nos co–associés, poursuivre la licitation.

L'adjudication fut déclarée en faveur d'un entrepreneur que nous avions lieu de croire peu solvable. En effet, l'événement justifiant nos prévisions, il s'ensuivit une folle enchère, à la suite de laquelle l'établissement nous a été adjugé le 20 août 1864, à la barre du tribunal de Saint-Mihiel.

3° ▪ *MM. Barbe ont l'intention de construire un fourneau. Nous admettons cette intention, puisque ces Messieurs le déclarent. Nous aussi, nous sommes dans l'intention de construire un fourneau; mais, en outre, nous sommes en mesure d'employer immédiatement, et avec des avantages incontestables, pour notre intérêt particulier, comme pour l'intérêt général, les minerais dont nous sollicitons la concession.* »

Tous les travaux faits, en même temps que les sommes considérables consacrées aux achats de terrains, comme on le voit dans notre exposé des faits, ne prouvent-ils pas jusqu'à l'évidence, que nous avions non-seulement l'intention de construire une usine à fer, mais que nous en préparions les voies dès avant le 29 avril, jour où a surgi la concurrence, et que, depuis, puisant toute sécurité dans l'impartialité de MM. les Ingénieurs des mines et dans la justice du Gouvernement, nous avons poursuivi nos travaux commencés, avec la même activité et la même énergie. Du reste, aujourd'hui, l'usine se construisant, le doute n'est plus permis.

Que nos concurrents aient l'intention d'établir un fourneau à Liverdun, nous le croyons, puisqu'ils l'affirment. Mais où le placer ? sans perdre les bénéfices dus à une position exceptionnelle, et que seule la possession de nos terrains peut asssurer, comme le fait voir le plan annexé à ce Mémoire.

Nous croyons avoir établi dans ce travail, que les usines du Clos-Mortier et de Chamouilley n'ont aucun avantage à brûler les minettes de la Meurthe, après la construction du canal de Saint-Dizier ; il est donc hors de doute que ces mêmes établissements puissent les employer aujourd'hui, puisque, en ce moment, outre le transport par eau, ils devraient payer un transbordement sur wagon, et un transport d'au moins 20 kilomètres par chemin de fer. A Tusey, au contraire, l'emploi de cette miné peut dès aujourd'hui diminuer notre prix de revient d'une façon notable. C'est donc toujours nous qui pouvons produire au plus bas prix, et en contribuant ainsi à l'abaissement du prix de revient d'une des matières les plus importantes pour l'industrie ; c'est à nous, comme l'ont dit nos adversaires, qu'on doit une certaine protection. C'est encore nous seuls qui pouvons dès maintenant utiliser la mine que nous extrayons en la consommant à Tusey, et c'est ce que nous faisons.

Il est d'autant plus permis de douter des velléités de construction, mises en avant par MM. André et Ménisson, que jusqu'à présent nous ne les connaissons que comme exploitants d'usines, et non comme propriétaires, quoi qu'ils en aient dit. Est-ce après avoir été ébranlés par le traité de commerce, comme ils le disent eux-mêmes, et au moment où ils semblent revendiquer une concession du Gouvernement, comme indemnité pour les dommages causés par ce traité, qu'ils auront assez de confiance pour construire une usine ?

De qui sont venues les plaintes les plus persistantes et les moins fondées contre le traité de commerce ? de qui viennent-elles encore chaque jour ? N'est-ce pas de la métallurgie et surtout de certains métallurgistes de la Haute-Marne, habitués trop longtemps aux douceurs de la protection, qui les dispensaient de toute peine et leur assuraient le prélèvement de dîmes considérables sur les consommateurs ? Aujourd'hui, si, à côté d'établissements en pleine voie de prospérité, d'autres souffrent, cela tient à ce qu'ils sont mal placés ; une faible différence du prix de revient constitue souvent tout le bénéfice du producteur.

Un seul remède pourrait changer efficacement cette position : c'est le transfert de l'usine dans une position plus avantageuse que celle occupée aujourd'hui, ou la création d'usines annexes en des points privilégiés.

C'est, du reste, ce que font déjà quelques métallurgistes de la

Haute-Marne, et ce que d'autres seront obligés de faire, à moins de se résigner à éteindre leurs fourneaux.

4° « *Ebranlés par le traité de commerce, d'abord nous avons douté de l'avenir ; plus tard, nous avons compris que, grâce au concours du Gouvernement impérial, qui nous accordait des voies économiques de transport, nous pourrions aller puiser au loin de nouvelles ressources, lutter contre la concurrence étrangère, maintenir en Champagne l'industrie métallurgique.* »

De 1854 à 1858, l'équilibre étant rompu entre la production et la consommation, on vit la métallurgie prélever une dîme énorme sur les consommateurs, obligés d'acheter à tout prix.

Si on avait pu admettre la concurrence étrangère, on eût évité l'exagération de la hausse ; il resterait aujourd'hui à nos compagnies de chemins de fer des sommes considérables à dépenser, et nos maîtres de forges auraient dès longtemps amélioré leur matériel et même installé des usines annexes en pays privilégiés comme la Meurthe, pour réduire leurs prix de revient.

Avec les traités de commerce, les prix s'équilibrent sur les marchés français, anglais et belge, au grand avantage des consommateurs, qui composent la masse de la population ; et le progrès marchant à grands pas, favorisé par la création de lignes ferrées nouvelles, rendues possibles par l'abaissement des prix de revient de la fonte et du fer, toutes les usines, surtout celles d'avenir, améliorent leurs machines, leurs installations, produisent mieux et moins cher ; et bientôt s'établit entr'elles une concurrence telle, que malgré la hausse considérable et persistante faite dernièrement en Angleterre, les prix sont restés les mêmes en France, et n'ont obtenu aucune majoration.

Aujourd'hui, ce sont les prix de la Moselle qui règlent les cours des fers communs ; et, malheureusement pour les usines mal placées, telles que la plupart des forges de Champagne, le métal Bessemer tend chaque jour à envahir le marché des fers fins.

C'est donc contre une concurrence intérieure que luttent aujourd'hui les usines de la Champagne, concurrence née du progrès, du développement si fécond de l'esprit industiel en France, surtout depuis le traité de commerce avec l'Angleterre.

Les voies économiques de transport, que le Gouvernement nous accorde sur l'initiative de ses ingénieurs chargés d'étudier, de prévoir les besoins de l'industrie et de hâter ses progrès, pourront permettre à la Champagne de prolonger la lutte, en lui amenant le combustible minéral à des prix que n'auraient jamais pu espérer des usines établies dans le but de marcher au bois. Mais, certes, on ne songera jamais à mener de la minette dans un pays si riche en minerai de bonne qualité, comme nous le prouve l'article suivant, que nous lisons dans le journal *l'Ancre*, de Saint-Dizier, organe des forges, à la date du 30 juin 1864 :

« Il y a quinze jours, nous avons parlé d'un projet de chemin
» de fer devant relier par une voix directe les charbonnages du
» bassin de Mons, aux usines Haut-Marnaises. Hier, 27 juin, les
» promoteurs de ce projet ont réuni à Saint-Dizier, quelques-uns
» des principaux maîtres de forges de notre groupe, afin de faire
» part de leurs projets, d'en expliquer les avantages, et d'écouter
» des observations qui pouvaient leur être présentées. Comme on
» devait s'y attendre, les sympathies n'ont pas fait défaut, et
» tous les industriels présents se sont prononcés ouvertement en
» faveur de cette ligne, qui unira deux bassins de producteurs et
» de consommateurs en confondant leurs intérêts : le bassin de
» Mons, en fournissant le combustible ; le bassin de la Haute-Marne,
» en rendant en échange des minerais aux fourneaux du Nord et
» du Hainaut, et du bois aux charbonnages de ces contrées. »

Outre l'abondance de bons minerais dans la Champagne, il est
encore d'autres causes qui y rendent impossible l'emploi de la
minette de la Meurthe.

Considérons le cas de la fonte d'affinage nécessaire au Clos-
Mortier. Les fontes de minette, produites au coke, se cotent de
7 à 12 fr. moins cher que leurs similaires de la Meuse et de la
Marne.

D'un autre côté, la consommation du combustible est de 200
kilogrammes environ plus forte avec le minerai de la Meurthe
qu'avec celui de la Champagne. Le coke de première fusion,
comparable à celui de Sarrebruck, vaudra au Clos-Mortier, après
l'ouverture des canaux, au minimum 26^f par 1000 kilog. L'économie
à faire pour rendre possible l'emploi des minettes est donc de :

Coke, 200 kilos, à 2 fr. 60. . . . . fr. 5 20
Différence minimum de prix de vente. .   7 » »
                                           ‾‾‾‾‾‾‾‾
                                            12 20

et nous trouvons, en prenant les prix indiqués par nos adversaires, prix qui sont tout à leur avantage, que l'économie maximum à réaliser serait de (25–18) 7 francs. L'usine du Clos-Mortier
serait donc en perte d'environ 5 fr. par tonne.

Ces raisonnements et ces calculs s'appliquant à une fonte
provenant de chaque espèce de minerai employée seule, s'ap-
pliqueront aux produits d'un mélange.

Quand on a remplacé le bois, partie par partie, par des
quantités équivalentes de coke, le prix de la fonte produite a
chaque fois baissé ; car le coke produisant une température plus
élevée dans le fourneau, favorise l'introduction du silicium dans
la fonte, et même lui cède le peu de soufre qu'il peut contenir ;
ce qui fait que le déchet au puddlage augmente à mesure que le
coke remplaçant plus ou moins complètement le bois, favorise la
dissolution dans la fonte du silicium et du soufre. L'oolithe fer-
rugineuse, contenant du phosphore, l'introduira dans la fonte en
quantité d'autant plus grande, qu'elle entrera elle-même en

2

porportion plus ou moins notable dans le lit de fusion. De là une difficulté de plus dans le travail du puddlage, une augmentation dans la consommation du combustible, un déchet plus grand, et par suite une dépréciation du produit obtenu.

Quant à l'obligation de consommer plus de coke à la tonne de fonte avec la mine de la Meurthe, qu'avec celle de la Marne, il est facile de le démontrer.

Le minerai de la Meurthe est calcaire; il contient de 5 à 21 0/0 de carbonate de chaux, suivant les échantillons, mais, somme toute, il ne contient en moyenne que son fondant. Aussi, dans les fourneaux au coke, à Champigneules, Frouard, Pont-à-Mousson, Ars, voit-on toujours mettre de la castine à la charge, surtout quand on marche en affinage; car, dans ce dernier cas, non-seulement il faut fournir aux cendres et aux schistes du coke l'élément calcaire nécessaire à leur fusion, mais encore essayer d'enlever le soufre des pyrites, à l'aide d'un excès de chaux.

Le minerai de Champagne exige, pour sa propre fusion, en moyenne, 1/12 de castine.

Négligeant de part et d'autre le coke et son fondant, et ne tenant pas compte de la perte de poids provenant du départ de l'eau, de l'acide carbonique ainsi que d'autres éléments négligeables, on arrive aux résultats suivants :

Pour produire 1,000 kilogrammes de fonte, il faut :

Mine de la Meurthe..	3,200 k.	Mine de la Marne	2,500 k.
Castine............	» »	Castine........	200 k.
Totaux......	3,200 k.		2,700 k.
Retranchons la fonte produite........	1,000		1,000
Il reste......	2,200 k.		1,700 k.

Qui sortent du fourneau sous formes de silicates sensiblement analogues, et partant fusibles à la même température minimum, que tous les fondeurs essaient d'obtenir. Il est donc plus que probable qu'on consommera plus de coke avec la mine qui fournit plus de laitier, qu'avec celle qui en fournit moins. C'est, du reste, ce que la pratique démontre.

Quand, à Ars, on consomme 1,400 kilogrammes de coke à la tonne de fonte d'affinage, Tréveray, Bar-le-Duc, Bayard, ne brûlent que 1,200 kilogrammes au maximum.

Il y aurait donc perte pour nos adversaires à venir chercher de la minette dans la Meurthe pour la brûler dans leurs usines.

Le but de nos concurrents ne serait-il pas plutôt de solliciter une concession dans l'espoir d'en vendre les produits à d'autres usines, *à la nôtre par exemple*, et de prélever ainsi une redevance sur nos produits, tout en entravant des travaux qui leur portent ombrage ?

Est-ce au moment où le canal de la Sarre va être mis en eau,

qu'il faut songer à exporter nos minerais et à les fondre dans la
Champagne avec des cokes prussiens, qui auront passé devant
l'exploitation de la mine avant d'arriver au fourneau, ou avec
des cokes belges coûtant le même prix et de même qualité ? Les
établissements de la Haute-Marne auraient à supporter un transport par eau de 2 fr. 50 par 1000 kilog. de matières premières,
et des manutentions onéreuses ; tandis qu'en fondant le minerai
sur place, il ne restera à payer que 2 fr. 50 pour la tonne de
fonte à transporter au laminoir et une seule manutention.

Par analogie, on peut conclure qu'après l'ouverture du canal
de la Sarre, les usines du Nord, qui viennent prendre du minerai
dans la Meurthe, auront plus d'avantages à y prendre de la
fonte. Déjà, l'usine de Maubeuge est entrée dans cette voie. En
sorte qu'à un moment donné, l'exportation des minettes sur le
Nord doit cesser complètement, et c'est ce qu'ont bien compris
tous nos industriels de la Moselle, qui, en ce moment, doublent
leurs moyens de production de fonte.

Ce sont ces mêmes considérations qui nous ont conduits, tout
en reconnaissant une notable économie à l'emploi fait par nous
du minerai de Liverdun dans notre fourneau de Tusey, à considérer comme notre but principal l'établissement d'une usine
métallurgique sur le carreau de la mine.

Le développement de la production de la fonte dans la Meurthe,
devrait rassurer MM. André et Ménisson sur l'alimentation de leurs
laminoirs. On peut mélanger utilement nos fontes à bas prix dans
les fours à puddler avec d'autres qualités, pour obtenir un fer
moyen dans de bonnes conditions. Ils pourront ainsi, sans augmenter la production des fourneaux, faire produire davantage à
leurs laminoirs. C'est, du reste, ce qu'ils font déjà, puisqu'il sort
plus de fer de leur usine qu'ils n'y produisent de fonte. D'un autre
côté, leur crainte sur leur approvisionnement en minerai peu-
vent-elles être prises en considération au moment où le chemin
de fer de Wassy à Saint-Dizier va faire ressortir à un prix plus
bas le minerai de la Blaise, rendu au Clos-Mortier, et va étendre
le rayon d'approvisionnement de cette usine.

Quant à l'état physique des minerais de la Marne, qui ne
permet pas, disent nos concurrents, de les *consommer avec le*
combustible minéral aussi utilement que les minerais en roche,
c'est une difficulté d'autant moins difficile à surmonter, qu'elle est
vaincue depuis longtemps. Le fourneau de Bayard, sur la Marne,
appartenant à MM. Colas, ne marche-t-il pas au coke pur,
avec des minerais de la Marne purs ?

Les fourneaux de Tréveray, de Ménaucourt-sur-l'Ornain, n'ont-
ils pas marché au coke pur, et avec des minerais de l'Ornain
pulvérulents ? En examinant la minette de la Meurthe, cassée à
l'anneau de 6 et prête à être mise dans un fourneau de petite
dimension, MM. André et Ménisson se convaincraient facilement

que les minerais en roche après leur extraction et leur cassage, fournissent une assez grande quantité de menu.

Comme troisième considération à l'appui de leur argumentation contre les minerais de la Marne, nous trouvons :

5° « *Parce qu'enfin ces minerais, qui sont, en général, réfractaires, demandent pour être traités au coke une forte addition de castine que n'exigent pas les minerais calcaires de la Meurthe.* »

Si parce qu'un minerai est réfractaire on augmentait la quantité de castine dans le lit de fusion, on pourrait souvent se tromper. La castine en addition convient quand on traite un minerai silicieux. D'un autre côté, quel que soit le minerai employé, dès l'instant où on remplace le bois par le coke, il faut ajouter au lit de fusion la castine nécessaire à faire fondre les schistes apportés par ce combustible. Mais le coke fournissant plus de calories que le bois pour la même somme d'argent dépensée, il s'en suit que son emploi, tout en abaissant le prix de revient de la fonte, permet de traiter des minerais considérés autrefois comme trop réfractaires et abandonnés à cause de la trop grande consommation de bois et de la difficulté du travail.

Dans la gangue de la mine de la Meurthe, le calcaire domine, mais comme nous l'avons vu plus haut, en moyenne, ce minerai ne contient que son fondant. Par conséquent, il ne faut espérer aucune économie résultant de son mélange avec le minerai de la Marne.

6° « *Le minerai provenant de la concession sollicitée coûtera sur bateau, près des usines, 5 fr. 30 la tonne, soit environ 18 fr. pour une tonne de fonte.* »

Avec nos concurrents, nous admettons ce prix de 5 fr. 30 sur bateau, près des usines, mais ces Messieurs ont oublié, pour établir leur revient de la fonte, d'ajouter à ce prix, celui du déchargement du bateau, du transport et du cassage au Clos-Mortier. Ces frais accessoires sont encore plus importants pour Chamouilley et pour Cousances, vu leur plus grand éloignement du canal. En admettant même, comme ils en ont annoncé l'intention, qu'ils puissent raccorder le Clos-Mortier au canal, soit par une voie ferrée, soit par une voie navigable, le prix de 6 fr. 95 indiqué par nous plus haut comme un minimum, ne serait diminué que de quelques centimes. Car, sur un petit parcours, le chargement est aussi important que la traction ; et généralement ces voies de raccordement coûtent assez cher de premier établissement.

Le prix de revient à Chamouilley, qui sera à 1,000 mètres du canal, serait sensiblement le même qu'au Clos-Mortier, d'où $3,200 \times 6,95 = 22^f 24^c$ pour la minette par tonne de fonte. — Pour Cousances, nous trouverions encore un prix plus élevé, cette usine devant être à plusieurs kilomètres du canal. Mais, comme dans ces derniers fourneaux on met actuellement moins de 20 fr.

de mine à la tonne de fonte, il s'en suit que l'emploi de la minette de la Meurthe y est encore plus impossible qu'au Clos-Mortier.

« 7° *Il nous paraît inutile de répondre longuement à la dernière objection qui nous a été faite sur le peu d'importance qu'aurait pour nous l'augmentation de un franc par tonne résultant de l'éloignement du canal.* »

« *Une objection de cette nature ne pourrait être faite qu'à nos concurrents, car, en construisant un fourneau sur la mine même, en un point un peu éloigné du canal, il n'aurait à supporter que les frais de transport du combustible ; or, un franc appliqué à une tonne de coke coûtant de 25 à 26 fr., ne représente que quatre pour cent de sa valeur, tandis que ces frais, appliqués au minerai, qui vaut à la mine 2 fr. 50 la tonne seulement, constituent une augmentation de quarante pour cent de son prix.* »

Dans quel but MM. André et Ménisson font-ils ressortir que, une augmentation de un franc sur le coke ne fait que 4 0/0 de son prix, et un franc sur le minerai 40 0/0 ? Pour raisonner sans vouloir éblouir, il faut tout ramener à la comparaison du revient de la tonne de fonte.

Un franc d'augmentation sur le coke, ferait 1 fr. 40 c. pour la tonne de fonte, en supposant une consommation de 1,400 kilogrammes de combustible, et cette même augmentation sur la mine, ferait 3 fr. 20 par tonne de fonte. Admettons pour un instant que nous puissions, nous déplaçant, aller porter notre industrie ailleurs : la fonte d'affinage devant nous revenir à environ 55 fr., on aura grevé notre prix de revient de 1 fr. 40, soit plus de 2 0/0. Au contraire, que ces Messieurs aillent prendre du minerai en d'autres endroits, ils dépenseront peut-être en plus 1 fr. 60 par tonne de fonte, puisqu'ils déclarent ne vouloir mettre que moitié de minette dans le lit de fusion, et leur revient étant dans les environs de 80 francs au coke pur, ce serait le grever de 2 0/0 seulement. Faisons remarquer que des recherches sérieuses n'ayant pas encore été faites au delà des concessions de Liverdun et Hazotte, en remontant la vallée de la Moselle, il est très-probable qu'on puisse encore trouver dans ces localités des gîtes miniers aussi faciles à exploiter que celui dont nos travaux ont mis en relief tous les avantages. Avec la canalisation de la Moselle, qui ne peut tarder à se faire, on pourra aussi, très-facilement ouvrir des galeries entre Bouxières et Pont-à-Mousson, et exploiter des mines dans d'aussi bonnes conditions que celles où nous nous sommes placés.

Pourquoi, pour la satisfaction de MM. André et Ménisson, détruirait-on l'ouvrage que nous avons si péniblement édifié, dans notre confiance en l'impartialité de l'administration?

Qu'en résulterait-il ? En jetant les yeux sur le plan annexé, il est facile de se convaincre que non-seulement l'usine projetée n'est possible qu'avec la possession de nos terrains, et par suite, que ces Messieurs ne pourront établir, du moins dans des conditions réellement économiques, de fourneau sur le carreau de la mine. En outre, on peut voir que l'exploitation rationnelle de la mine elle-même n'est possible avantageusement qu'avec la propriété de ces mêmes terrains sur lesquels nous bâtissons aujourd'hui deux fourneaux et des cités ouvrières.

Les concessionnaires seraient donc obligés d'exploiter par puits, de tractionner ensuite jusqu'au canal, en sorte que, même en obtenant ce qu'ils désirent, ils seraient néanmoins encore obligés, pour venir charger en bateau, de dépenser une somme notable par tonne de minerai, somme qui augmenterait très-probablement leur prix de revient de ce minerai de 40 0/0, comme ils l'ont dit plus haut.

CONCLUSIONS.

Pour répondre à MM. André et Ménisson, qui se prétendent propriétaires d'usine, sans l'être; demandent de la mine pour des établissements qu'ils ne possèdent pas; qui, naguère postulaient une concession à Maxéville, et sont venus, après l'avoir abandonnée brusquement, se poser en concurrence avec nous à Liverdun, sans vouloir faire de recherches en des endroits offrant tout autant d'avantages; après avoir réduit à leur juste valeur toutes leurs allégations, et avoir démontré qu'ils ne peuvent employer utilement les minettes de la Meurthe dans leurs usines, nous renverrons à l'exposé des faits; nous dirons que nous sommes propriétaires de Tusey, que nous construisons à Liverdun. Ne peut-on croire que le but réel de nos concurrents est d'entraver le développement d'un nouvel établissement métallurgique dont les produits fourniront à prix réduit aux consommateurs une des matières premières les plus importantes, pourront lutter avec ceux des usines anglaises, et, en s'exportant, viendront montrer une fois de plus les heureux effets des traités de commerce dont l'initiative de Sa Majesté l'Empereur a doté la France?

AUTRE OBSERVATION.

D'autres objections ont été faites; on nous a dit : « Par la » marche que vous avez imprimée à vos travaux, par les dé- » penses faites, vous voulez peser sur la décision de l'adminis- » tration. Les besoins de l'usine de Tusey en minerai de la » Meurthe sont bien restreints pour nécessiter l'institution d'une » concession, et, d'un autre côté, vous demandez de construire » quatre fourneaux à Liverdun, mais, jusqu'ici, il n'est question » que d'en faire un seul, tandis que vos concurrents exploitent » huit fourneaux, dont quelques-uns manqueront bientôt de

» minerai. La construction même du chemin de fer de Wassy à
» Saint-Dizier, favorisant l'exploitation des minerais vers le Nord
» de la France, appauvrira encore plus tôt les gisements ferrifères
» de la Marne. L'emploi des minettes de la Meurthe permettra à
» MM. André et Ménisson une économie très-considérable. »

La législation, comme nous l'avons vu plus haut, a réservé à
l'Etat le droit d'accorder des concessions à celui qu'il en jugerait
le plus digne; par suite, il s'est établi certaines coutumes, et
MM. les Ingénieurs ont adopté pour nos pays la règle de donner
la préférence dans leur avis à tout postulant possédant ou construisant une usine sur le carreau de la mine. MM. les Ingénieurs
des mines nous assurant un avis favorable de leur part dans le
cas de la construction d'une usine sur le carreau de la mine,
nous pouvions marcher avec confiance et pousser hardiment nos
travaux, notre but étant la création d'un établissement métallurgique à Liverdun.

Cette règle a servi dernièrement encore de base à l'avis de
MM. les Ingénieurs dans les demandes en concession des environs
de Longwy. Nos travaux, nos dépenses, nos peines n'avaient
donc qu'un but: donner des gages à l'administration, et hâter
la réalisation de notre entreprise pour faire disparaître tous les
doutes que les insinuations de nos concurrents avaient fait naître.

Aujourd'hui, nos constructions répondent victorieusement aux
suggestions malveillantes, et viennent affirmer la loyauté qui a
présidé à tous nos actes, et la légitimité de notre demande.

Aux yeux d'un juge impartial, se conformer aux usages, aux
coutumes de l'administration, lui donner des gages, et s'appuyer
sur des faits accomplis, ne sera jamais vouloir peser sur elle.

Si une usine a besoin de minerai, c'est Tusey: construite en
un lieu convenable pour s'approvisionner facilement de combustible végétal, elle est très-éloignée des minières. Actuellement,
elle s'approvisionne dans l'Ornain, mais les gîtes métallifères y
deviennent chaque jour plus pauvres et plus rares. Déjà, nous
sommes obligés de reprendre d'anciennes concessions abandon-
nées par nos devanciers, qui les avaient considérées comme
épuisées. Actuellement, et grâce au canal de la Marne au Rhin,
Tusey ne met que 30 fr. de mine à la tonne de fonte, tandis
qu'autrefois elle en consommait pour une somme plus forte; en
sorte que, même en admettant que par des recherches plus
sérieuses que celles faites jusqu'ici on puisse espérer découvrir
de nouveaux gisements ferrifères dans la vallée de l'Ornain, cela
n'abaisserait que bien peu un revient dans lequel les transports
entrent pour la presque totalité du prix, et qui tend chaque jour
à s'augmenter.

Avec des mélanges de minerai de la Meurthe, faits dans une
certaine proportion, comme nous-mêmes l'avons déjà expérimenté,
en achetant, en 1861, 1862 et 1863, de la minette aux exploitants; comme nous le faisons encore aujourd'hui, on peut dimi-

nuer de suite d'une façon notable le prix de revient. Ce fait n'est pas douteux, nous l'avons démontré plus haut : c'est à cause du haut prix des minerais que Tusey s'est toujours contenté d'un seul haut-fourneau, en organisant, au contraire, des fonderies de seconde fusion très-importantes, et en achetant des fontes, d'abord en France, puis à l'étranger.

Aujourd'hui, les conditions économiques venant à changer, et le chemin de fer de Pagny-sur-Meuse à Chaumont améliorant la position, nous pourrons, profitant des installations préparées par nos devanciers, utiliser les fondations faites dès longtemps, pour un second fourneau, et le monter complètement. Tusey sera alors à 41 kilomètres par rails de la mine de Liverdun, et, par suite, dans les mêmes conditions où se trouve le fourneau de Novéant, par rapport à la concession de Pompey, qu'on lui a accordée.

La construction de deux fourneaux à Liverdun devant produire en moyenne chacun de 30 à 35 tonnes par jour, est aujourd'hui hors de doute, les traités d'achat étant signés, comme nous l'avons vu dans l'exposé des faits. Quant aux fourneaux n°ˢ 3 et 4, nous les mettrons en feu au fur et à mesure de l'extension de nos débouchés, extension qui se fera d'autant moins attendre que nous pourrons livrer la fonte à plus bas prix, grâce à notre position toute privilégiée. Construire immédiatement quatre hauts-fourneaux, produire sur une aussi grande échelle sans être sûr des débouchés, ne serait le fait ni d'un négociant ni d'un industriel.

Il est impossible, comme nous l'avons démontré, de soutenir que les huit hauts-fourneaux de MM. André et Ménisson puissent avoir avantage ni maintenant, ni jamais, à se servir des mines de la Meurthe. Du reste, s'il en était ainsi, ces usines en consommeraient déjà, et, si les prix de revient indiqués par nos concurrents étaient réels, les économies à réaliser dès maintenant seraient assez importantes pour leur permettre de brûler de nos minettes, comme ils l'avaient annoncé, même en les achetant aux marchands de minerai.

Après l'ouverture du canal de Saint-Dizier, MM. André et Ménisson pourront, il est vrai, amener à de meilleures conditions le minerai de la Meurthe dans leurs usines, qu'ils ne le feraient actuellement ; mais, à ce moment, nous aurons deux fourneaux à Liverdun, et celui de Tusey. Chacun des deux premiers produisant au minimum 10,000 tonnes par an, et le troisième 1,200, notre production annuelle sera de 21,200 tonnes, tandis qu'en tenant compte des chômages de toute nature, on ne peut estimer à plus de 10,000 tonnes la production des huit fourneaux dont MM. André et Ménisson se disent propriétaires.

Par conséquent, toutes choses égales, d'ailleurs, en supposant que l'économie par tonne de fonte soit égale par suite de l'emploi de la mine tirée dans la concession demandée, ce serait encore nous qui mériterions la préférence.

D'un autre côté, au moment où la compagnie de Denain fait des recherches autorisées dans la forêt du Val, près le Clos-Mortier, est-il probable que ce dernier établissement soit réellement menacé de manquer bientôt de minerai ?

Les travaux entrepris par la compagnie de Denain nous font plutôt penser que jusqu'ici aucune recherche un peu sérieuse n'a été faite pour s'assurer de la valeur des exploitations actuelles et des richesses à espérer pour l'avenir.

On ne peut donc considérer comme compromis l'avenir d'un groupe d'usines, établi sur de riches gisements de minerai d'assez bonne qualité. En outre, le chemin de fer de Wassy à Saint-Dizier ne va-t-il pas, en abaissant le prix de transport des minerais de la Blaise, élargir suffisamment de ce côté le champ d'approvisionnements du Clos-Mortier, sans que cette usine ait besoin de venir chercher des minettes dans la Meurthe ?

Aujourd'hui, il n'est plus permis de douter de la création de cette voie ferrée nouvelle, et nous lisons dans l'Ancre du 16 mars 1863 :

« Lundi dernier, a eu lieu à Wassy l'assemblée générale des » actionnaires de la société financière du chemin de fer de la » Blaise. Le but de cette réunion était de nommer un comité de » cinq membres chargés de former auprès du Gouvernement la » demande en concession du chemin, de ratifier avec la compa - » gnie de l'Est les traités relatifs à la construction et à l'exploita- » tion, et de présenter à l'homologation les statuts constitutifs » de la Société. »

De ce que cette voie ferrée servira au transport des minerais vers le nord de la France, il ne faut pas en conclure qu'elle n'abaissera pas le prix du minerai pour les usines des environs, qui le faisaient venir jusqu'ici par chariots, surtout quand ces établissements, comme le Clos-Mortier, seront reliés au chemin de fer et pourront recevoir ces envois sans ruptures de charge.

On peut encore conclure de la possibilité d'exportation des minerais de la Blaise vers le Nord, que la mine de cette vallée ne pourra faire ressortir au Clos-Mortier 24 fr. à la tonne de fonte comme l'annoncent MM. André et Ménisson, quoique les chiffres officiels ne soient que 21 fr. 91.

En effet, s'il en était ainsi, les usines du Nord mettraient environ 40 fr. de mine à la tonne de fonte en employant les minerais de la Blaise. S'il y a désavantage, comme nous l'avons vu plus haut, à traiter les minettes de la Meurthe au Clos-Mortier, vouloir les employer à Chamouilley et à Cousance, serait consentir une perte plus grande encore, car d'une part ces minettes rendues dans ces deux derniers établissements coûteront plus cher qu'au Clos-Mortier, et d'un autre côté nous tenons pour certain qu'actuellement le prix du minerai à la tonne de fonte est bien moins élevé dans ces deux établissements que dans le premier. Si donc, contrairement à ce que nous avons démontré plus haut, on voulait persister à soutenir une économie possible pour le Clos-Mortier, par suite de l'emploi de la minette, il ne faudrait pas admettre le même chiffre pour Chamouilley et Cousances.

En prenant le chiffre de 5 fr. 50 comme prix de revient de la tonne de minette au Clos-Mortier, en admettant que ce minerai puisse entrer pour moitié dans le lit de fusion sans augmenter la consommation du coke, sans diminuer la valeur des produits, comme nous l'avons prouvé plus haut, on est arrivé à trouver une économie possible de 1 fr. 94 par tonne de fonte.

N'appliquant cette réduction qu'à la production du Clos-Mortier, comme on doit le faire, nous arrivons à une économie annuelle de $6,396 \times 1,94 = 12,408$ fr.

Puisque ces Messieurs admettent la possibilité d'introduire dans le lit de fusion moitié minette, admettons-le pour un instant. Après la construction du chemin de fer de Chaumont, qui sera probablement terminé avant qu'un service régulier soit établi sur le canal de Saint-Dizier, la minette nous coûtant 5 fr. 55 la tonne, nous en consommerons 1,612 kilogr., au rendement moyen de 31 0/0, pour produire 500 k. de fonte. $1612 \times 5,55 = 8^f 95$

Actuellement, à Tusey, il nous faut 15 francs de minerai de l'Ornain pour produire la même quantité de fonte, l'économie sera donc par tonne :

$15 - 8,95 = 6$ fr. 05, et, par an, $1,200 \times 6,05 = 7,260$ fr.

En admettant, comme on nous l'a dit, que si on nous refuse la concession, nous puissions moyennant une redevance de 1 fr. 60 par tonne de fonte, assurer le minerai nécessaire à notre usine, la possession d'une concession représenterait néanmoins pour nous une économie annuelle par fourneau de $10,000 \times 1$ fr. $60 = 16,000$ fr.

Pour faire réaliser à MM. André et Ménisson une économie problématique de 12,408 fr., on grèverait donc certainement notre travail d'une redevance annuelle de 32,000 fr. pour nos deux fourneaux de Liverdun, actuellement en construction ; et Tusey dépenserait chaque année en minerai une somme de 7,260 fr. que cette usine aurait pu économiser.

Mais en outre, trouverions-nous du minerai, en payant une redevance de 1 fr. 60 par tonne de fonte produite ? Il faudrait d'abord admettre que nos voisins soient disposés à traiter avec nous, ce qui, somme toute, n'assurerait jamais à l'usine qu'une existence précaire.

D'un autre côté, si cette redevance est insignifiante pour MM. Barbe, elle doit l'être également pour MM. André et Ménisson, en admettant que ces derniers ne puissent l'éviter en découvrant des gîtes ferrifères dans de bonnes conditions, comme on peut encore en trouver, et en obtenant leur concession.

D'un autre côté, la minette se vendant actuellement de 5 fr. 75 à 4 fr. la tonne en bateau, c'est donc ce prix que nous aurions à payer, tant que les marchands de minerai trouveraient preneur à ces conditions. En outre, il faudrait amener le bateau devant l'usine, le décharger, casser ce minerai, et ces manipulations ne coûteraient jamais moins de 1 fr. par 1000 kilogr.

La tonne de minerai reviendrait donc, d'achat : 3 fr. 75; de manutention : 1 fr. Total : 4 fr. 75, au lieu de 3 fr. 20, ce qui grèverait les 1,000 kilog. de fonte de 1 fr. $55 \times 3,200 = 4$ fr. 96, et constituerait par fourneau, et par an, un excédant de dépense de 4 fr. $96 \times 10,000 = 49,600$ fr. : soit, au minimum, 100,000 fr. annuellement, pour nos deux fourneaux de Liverdun et notre usine de Tusey.

En accordant la concession à MM. André et Ménisson, c'est donc grever nos établissements d'une augmentation de dépense énorme et compromettre leur avenir, dans l'espoir d'assurer à des fermiers d'usines une économie plus que problématique. Ils ne pourront pas, il est vrai, employer la minette dans leurs fourneaux, nous l'avons prouvé surabondamment ; mais l'écoulement des produits de leur minière n'en sera pas moins assuré. Ne sera-ce pas à eux, en effet, que nous aurons le plus d'intérêt d'offrir une redevance de 0 fr. 50 par tonne de minerai, puisqu'alors nous n'aurions à supporter aucun frais de transport pour amener la mine au gueulard.

Pour donner des gages à l'administration et atteindre plus vite le but que nous nous proposions, nous avons dû pousser notre œuvre avec énergie ; on en a conclu que l'affouage de notre usine était assurée, que nous n'avions pas besoin de concession. Si nous nous étions bornés à un puits de recherches, n'aurait-on pas été en droit de nous dire que nous n'avions pas besoin de mine, puisque nous ne construisions pas ?

Pour hâter la création de notre usine, nous avons acheté les fourneaux de Novéant, que nous allons transporter à Liverdun. Les conditions du traité passé avec les vendeurs leur assurent une part d'intérêt dans les résultats de cette opération. Doit-on en conclure que l'affouage en minerai de l'usine est assuré, parce que ces intéressés sont eux-mêmes propriétaires d'une concession à Liverdun ? Notre traité est à la disposition de l'administration, qui pourra se convaincre que la concession sollicitée est toujours nécessaire à l'usine en construction; à moins de vouloir grever son avenir par des redevances que MM. les Ingénieurs cherchent à faire disparaître ailleurs.

Faisons, en outre, remarquer que la concession de Liverdun appartenant à MM. Puricelli n'est pas exploitée, qu'il n'y a pas de galerie ouverte; tout fait craindre l'envahissement des eaux dans la plus grande partie des travaux à faire, et l'impossibilité d'extraire toute la mine dans des conditions réellement industrielles.

Dans la situation où nous nous trouvons aujourd'hui, même en poussant nos travaux avec la plus grande activité, vu l'envahissement des eaux qui nous a contraint à abandonner des avancements, nous ne sommes pas assurés de pouvoir satisfaire aux besoins de l'usine avant la fin de cette année.

En présence de tant de recherches qui ne donnent aucune indication, on doit encore, nous le croyons, attacher une certaine valeur au titre d'inventeur, surtout quand les galeries de recherches sont installées dans des conditions où elles ne laissent plus de doute, non-seulement sur l'existence de la mine, mais encore sur la possibilité de son exploitation économique. C'est parce que, jusqu'au moment où notre galerie a mis à jour les couches de minerai, nous avons douté du succès de nos recherches, encore trop peu assurées par notre puits, que nous avons désiré faire participer à notre joie tous nos amis et les personnes qui sachant le but qu'on se proposait, s'y intéressaient au point de vue de l'installation d'une grande usine dans la Meurthe.

Un fait d'une importance si minime aurait-il dû trouver place dans la discussion d'intérêts aussi graves, et servir de base à une argumentation hostile non-seulement à nos intérêts particuliers, mais encore à ceux du département de la Meurthe et de la France entière? L'exploitation de la concession dans les conditions restreintes où seraient placés MM. André et Ménisson, simples marchands de minerai, pourrait-elle, au double point de vue de l'intérêt général et de l'intérêt particulier du département de la Meurthe, entrer en concurrence sérieuse avec l'exploitation très-étendue que nécessitera l'alimentation de nos usines? Comme nous l'avons vu plus haut, pour nous conformer aux vues économiques enseignées à l'École des mines, nous avons dû murailler immédiatement la galerie ; cette décision prise, les approvisionnements furent faits en conséquence, et pour nous faire suspendre nos travaux il fallait plus qu'une concurrence venant au dernier jour et surtout aussi peu sérieuse, puisque les auteurs avaient déjà retiré sans motifs connus une demande précédente à Maxéville et dans le cas actuel englobaient dans leur périmètre 200 hectares de terrain déjà concédé. N'avions-nous pas pour guide l'appréciation de M. l'Ingénieur ordinaire de la Meurthe ; les décisions récentes prises par M. l'Ingénieur en chef?

Le 31 août suivant, quand ce dernier vint dans les galeries pour la première fois, des terrains étaient achetés pour construire l'usine, et suspendre les travaux c'eût été compromettre l'alimentation des fourneaux, qui sera à peine assurée par le développement des galeries à la fin de cette année, malgré toute notre persévérance et notre activité.

Quant à la possibilité pour nos concurrents d'établir une usine sur la rive gauche de la Moselle, nous ne la nions pas. Ce que nous nions, c'est la possibilité d'établir une usine dans des conditions économiques et réellement industrielles en dehors de nos propriétés, pour s'alimenter avec le minerai de la concession que nous sollicitons.

On pourra toujours jeter un pont sur la Moselle, mais ce travail exécuté sur une rivière torrentielle à lit changeant, comme l'a reconnu M. l'Ingénieur en chef en repoussant pour limite de la concession le cours de cette rivière, ne sera-t-il pas onéreux et une cause de réparations fréquentes ? D'un autre côté, les pentes du terrain se prêtent-elles à la construction d'une usine ? Comment s'effectuera son raccordement avec le chemin de fer et le canal ? Un coup d'œil sur le plan annexé peut faire voir toutes les difficultés à surmonter.

On peut toujours construire où et quand on veut, mais il ne faut pas grever un établissement d'une dépense d'installation, destinée à causer sa ruine en peu d'années.

Ces considérations, aussi bien que le peu d'empressement de nos concurrents à acheter des terrains à faire des travaux, nous portent à croire qu'après avoir fait grand bruit autour de prétendus projets, ils y ont définitivement renoncé.

Favoriser la création d'usines pouvant produire les matières premières à des prix réduits, n'est-ce pas suivre les inspirations du Gouvernement ? Amener la France au faîte de la grandeur et de la force, par le développement de l'industrie, par la création de nouvelles usines capables de rivaliser avec l'étranger, par l'essor de l'initiative individuelle, par la paix, n'est-ce pas l'œuvre du Gouvernement impérial ? Comment, alors, pourrait-on traiter avec injustice des demandeurs en concession offrant toutes garanties ? Qu'ils soient évincés, comment désormais oserait-on faire quelque travail de recherche, sans craindre de voir au dernier moment une influence quelconque venir peser sur la décision de l'administration, et la détourner des règles de conduite qu'elle avait adoptées ? En Belgique, en Prusse, la loi de 1810 a heureusement été modifiée ; un inventeur, dans certaines limites, a droit à une concession : de là les développements énormes pris par l'industrie minière dans ces deux pays, de là le vœu si souvent émis de voir apporter à cette loi en France des modifications analogues.

Est-ce au moment où le canal de la Sarre va être mis en eau qu'il faut espérer produire à bon marché en exportant le minerai et surtout en s'éloignant du coke ? Sans entrer dans aucun calcul de prix de revient, il est facile d'apprécier l'économie possible par tonne de fonte dans notre usine de Liverdun sur celle du Clos-Mortier.

En plus que nous, cette dernière aura à supporter les frais de chargement en bateau, de transport à Saint-Dizier, de déchargement, etc. ; ce qui représentera toujours au moins 5 fr. 50 par tonne de minerai, soit 11 fr. 50 par tonne de fonte ; pour le coke, il faudra compter le transport de Liverdun à Saint-Dizier, etc. Soit 3 fr. par tonne de combustible ou 4 fr. 20 pour 1,000 kilogrammes de fonte.

A Liverdun, nous ferons donc de la fonte à 15 fr. par tonne plus bas qu'au Clos-Mortier, sans compter ni les réductions provenant des économies de combustible réalisées par un moindre déchet, ce transport étant moins long pour Liverdun, les manutentions moins nombreuses; ni celles provenant d'une moindre consommation de coke, ce qui nous est assuré par la grandeur des dimensions de nos fourneaux, et du bas prix de la castine qui est à pied d'œuvre.

Cette différence de 15 fr. nous permettra de livrer des fontes dans le centre de la France et dans le nord, au prix de revient du Clos-Mortier. Nous pourrons alors aller à Marseille concurrencer les usines anglaises produisant des fontes semblables aux nôtres. Ne permettrons-nous pas ainsi à l'industrie métallurgique de prendre un plus grand essor? Notre production à bas prix ne sera-t-elle pas utile à toute la France, en assurant aux consommateurs à prix réduit, une matière première d'une importance aussi grande ?

CONCLUSIONS.

Dans toute cette discussion, nous nous sommes toujours basés sur des faits, sur des chiffres, et nos adversaires sur des hypothèses. Nos concurrents n'ont fait aucuns travaux, n'ont couru aucun risque, ils ne peuvent employer utilement la minette de la Meurthe dans les usines de la Haute-Marne, dont ils se disent propriétaires, et qui sont loin de manquer de minerai.

Outre la primauté dans les recherches et les risques courus, par les dépenses faites et les travaux entrepris, par ceux que nous exécutons chaque jour, par les connaissances spéciales que nous possédons et les ressources financières dont nous disposons, nous croyons offrir à l'État toute sécurité pour la bonne exploitation de la concession.

Ce gîte métallifère assurera l'alimentation de l'usine que nous bâtissons en ce moment à Liverdun, et, grâce à sa position privilégiée, qui nous permettra de réduire à un minimum les dépenses de main-d'œuvre et de manutention, cet établissement, tout en assurant à notre usine de Tusey la fonte qu'elle demande à l'étranger et le minerai nécessaire à son fourneau, fournira aux consommateurs une des matières premières les plus importantes à des conditions de beaucoup meilleures à celles existant aujourd'hui, tout en apportant du travail aux nombreux ouvriers des communes environnantes. Est-ce au moment où le canal de la Sarre va être mis en eau, et amener le coke à bon marché qu'il faut songer à exporter le minerai et ce combustible pour faire de la fonte d'affinage dans la Haute-Marne?

L'exploitation de la concession dans les conditions restreintes où seraient placés nos concurrents, pourrait-elle, au double point de vue de l'intérêt général et de l'intérêt particulier du département de la Meurthe, entrer en concurrence sérieuse avec l'exploitation très-étendue que nécessitera l'alimentation de nos usines ?

BARBE père,

Président du Conseil de Prud'hommes de Nancy.

Paul BARBE fils,

Élève de l'École polytechnique (promotion de 1858).

NOTES.

—

NOTE 1re

MM. Barbe père et fils sont aujourd'hui propriétaires des usines de Tusey (Meuse).

NOTE 2.

Demande concernant la cession à MM. Barbe père et fils de 3 hectares 60 ares appartenant à l'Etat le long du canal de la Marne au Rhin.

« *A M. le Préfet du département de la Meurthe.*

» Monsieur le Préfet,

» Nous, soussignés, Barbe (Jean-Baptiste-Charles), négociant, président du Conseil de Prud'hommes, à Nancy, et Barbe (Paul-François), ancien élève de l'Ecole polytechnique, directeur d'usines métallurgiques, avons l'honneur de vous demander l'autorisation d'acquérir des terrains appartenant à l'Etat, situés sur le territoire de la commune de Liverdun, de part et d'autre, du canal de la Marne au Rhin, près de l'écluse, en aval du pont, sur la Moselle.

» *Ces terrains sont destinés à l'établissement d'une usine métallurgique :* ils sont, sur le plan ci-joint, compris dans le polygone A B C......

» Confiants dans votre sollicitude éclairée et celle de M. l'Ingénieur du Gouvernement, nous espérons, Monsieur le Préfet, que vous voudrez bien prendre en considération notre demande, et nous permettre d'établir dans cette vallée une usine destinée à occuper de nombreux ouvriers, qui pourront arriver ainsi à l'aisance et au bien-être.

» Agréez, Monsieur le Préfet, l'assurance de la considération et du dévouement de vos humbles serviteurs,

» BARBE PÈRE ET FILS.

» Nancy, le 21 novembre 1863. »

PRÉFECTURE DE LA MEURTHE.

3e Division. — No 7929.

COMMUNE DE LIVERDUN. — CANAL DE LA MARNE AU RHIN.

Demande d'acquisition de parcelles de terrains par MM. Barbe.

« Nancy, le 8 février 1864.

» Monsieur le Maire,

» M. Barbe (Jean-Baptiste), président du Conseil de Prud'hommes de Nancy, et M. Barbe (Paul-François), ancien élève de l'Ecole polytechnique, ont demandé, par une pétition en date du 21 novembre 1863, la cession de terrains, dépendant du canal de la Marne au Rhin, situés en aval de l'écluse de Liverdun, pour y construire une usine métallurgique.

» Il résulte des rapports et avis de MM. les Ingénieurs auxquels cette demande a été communiquée, que les terrains dont les pétitionnaires désirent faire l'acquisition, sont indispensables à l'Administration du canal, pour établir à Liverdun un nouveau port et une nouvelle gare, ceux actuels étant reconnus insuffisants pour les besoins du commerce ; que ces terrains peuvent encore être utilisés pour la création de cales de radoub et qu'enfin une partie d'entre eux est destinée à fournir les remblais qu'un accident aux digues du canal rendrait nécessaires.

> » *A Monsieur le Maire de Nancy.* »

NOTE 3.

Demande de MM. Barbe père et fils adressée à l'Administration forestière.

« Nancy, le 6 mars 1864.

» Nous, soussignés, ayant été autorisés par un arrêté préfectoral en date du 6 mai 1863, à faire des recherches de minerai de fer, dans les bois communaux de Liverdun, au lieu dit à la Côte-le-Prêtre ; après avoir foncé un puits désigné par la lettre P du plan annexé, et avoir recoupé la couche de mine en place : désirant étudier l'allure du gîte et compléter nos travaux de recherches, par une galerie de niveau, faisons déblayer l'emplacement B C D E, de façon à pouvoir commencer les travaux souterrains en I. Pour mener à bonne fin notre entreprise, sans accidents, il nous faut exercer une surveillance continuelle sur le chantier, et, par conséquent il nous y faut un chef mineur à demeure fixe ; d'un autre côté, il nous faut un abri pour les outils et pour les petites réparations, ainsi que pour la préparation des bois.

» Nous venons donc, Monsieur l'Inspecteur, vous demander l'autorisation d'élever la baraque désignée par les lettres G E F H, qui sera à une distance de 60 à 70 mètres du bord des bois communaux de Liverdun ; sous cet abri, nous aurons le logement du chef mineur, une petite forge de campagne, un atelier de charron et de charpentier. »

PRÉFECTURE DU DÉPARTEMENT DE LA MEURTHE.

3e Division. — No 1709.

ARRONDISSEMENT DE TOUL. — COMMUNE DE LIVERDUN.

Construction à distance prohibée du régime forestier.

« Le Préfet du département de la Meurthe, en Conseil de préfecture : siégeant, MM. Mamelle, Costé et Carette ;

» Vu la demande formée par les sieurs Barbe père et fils, demeurant à Nancy, à l'effet d'obtenir l'autorisation de construire une baraque en planches et couverte en tuiles, à distance prohibée de la forêt communale de Liverdun ;

» Vu le procès-verbal de reconnaissance dressé par le garde général du cantonnement de Toul (Nord) ;

» Vu le plan figuratif des lieux :

» Vu les avis de l'Inspecteur et du Conservateur des forêts ;

» Vu l'avis du Sous-Préfet de l'arrondissement de Toul ;

» Vu les articles 152 et 157 du Code forestier :

» Vu le décret du 25 mars 1852 :

» Considérant que l'emplacement de la construction projetée se trouve à la distance de 60 mètres de la forêt communale de Liverdun ; que cette construction contiendra le logement d'un employé, une forge de campagne reposant sur un massif en pierres et un atelier de charpentier et de charron ; que les pétitionnaires ayant été autorisés à creuser, près de là, un puits de recherche de minerai de fer, cette construction est indispensable à l'exploitation de la mine ; que, d'ailleurs, les agents forestiers donnent leur adhésion à la dite construction.

» L'avis du Conseil de préfecture entendu :

» Arrête :

» Article 1er. — Les sieurs Barbe père et fils, demeurant à Nancy, sont autorisés, sous les conditions prescrites par l'article 157 du Code forestier, les droits des tiers réservés, à construire une baraque en planches, sur l'emplacement figuré par les lettres G E F H au plan précité, à 60 mètres de la forêt communale de Liverdun, à charge de s'engager préalablement par acte notarié (dont une expédition sera remise aux archives de l'inspection), par eux, leurs héritiers, ou ayants-droit, à la démolir sur une sommation extra-judiciaire qui leur sera faite, en vertu d'une décision statuant que sa construction est devenue préjudiciable au sol forestier, par suite de délits dont les tribunaux auront reconnu l'existence.

» Art. 2. — Le Conservateur des forêts et le Sous-Préfet de Toul sont chargés d'assurer l'exécution du présent arrêté.

» Nancy, le 9 avril 1864.

» Pour le Préfet, en révision :

» *Le Secrétaire général délégué.* »

NOTE 4.

Copie de la demande adressée à M. le Préfet de la Meurthe le 8 février 1864.

« *A M. le Préfet du département de la Meurthe.*

» Monsieur le Préfet,

» Désirant connaître exactement la position des couches du minerai de fer, que nous avons découvert à la Côte-le-Prêtre, *commune de Liverdun*, nous ouvrons une galerie dont l'étendue devra nous donner toute sécurité dans l'avenir, sur la puissance des couches dont nous pourrons disposer, et dès lors, nous permettre de *fonder sur place un établissement métallurgique possédant les éléments nécessaires à sa prospérité.*

» Pour ouvrir cette galerie, beaucoup de matériaux sont indispensables, principalement *du bois de chêne,* que nous devons amener par le canal de la Marne au Rhin, à la petite gare, *près la maison de l'éclusier ;* mais le terrain qui a servi de port jusqu'à ce jour à cette gare, n'est point praticable : de nombreuses excavations y existent, et ne permettent pas le moindre dépôt.

» Confiants dans votre sollicitude éclairée pour l'industrie, nous venons vous prier, Monsieur le Préfet, de vouloir bien nous dire si l'administration du canal pourrait, dans l'intérêt général du commerce, faire niveler ce petit port, afin de l'utiliser ; dans le cas contraire, et si ce travail devait être ajourné, nous vous offrons, Monsieur le Préfet, de le faire à nos frais, afin de ne pas être

3

forcés de retarder nos travaux particuliers et de pouvoir utiliser pour nos matériaux *la gare et le port*. »

PRÉFECTURE DU DÉPARTEMENT DE LA MEURTHE.

« Nous, Préfet du département de la Meurthe,

» Vu la pétition en date du 8 février 1864, par laquelle les sieurs Barbe père et fils, négociants, demeurant à Nancy, faubourg Saint-Jean, n° 7, demandent qu'une excavation située sur la droite du canal de la Marne au Rhin, au droit d'une petite gare existant immédiatement en amont de l'écluse de Liverdun, soit comblée de manière à augmenter la surface du port correspondant à cette gare, et sur lequel ils se proposent de déposer des matériaux de diverses espèces, et, dans le cas où l'Etat ne ferait ces remblais, à être autorisés à les faire à leurs frais;

» Vu le rapport de MM. les Ingénieurs du canal de la Marne au Rhin des 23 février et 5 mars courant, et le plan des lieux ;

» Vu le règlement du 13 décembre 1855 sur la police et la conservation du canal et de ses dépendances ;

» Considérant que l'étendue actuelle du port dont il s'agit suffit au besoin du commerce, qui n'y dépose que rarement quelques sciages de chênes et quelques fagots, quand la forêt voisine est en exploitation, ce qui n'a lieu, d'ailleurs, qu'à des intervalles plus éloignés ; que la gare correspondant à ce port est plutôt considérée comme une gare d'évitement pour les bateaux qui peuvent se rencontrer entre le pont du canal de Liverdun, situé à petite distance de la même localité, que comme une gare d'embarquement ou de débarquement ; que, par conséquent, le service du canal n'a nullement besoin de combler l'excavation en question ;

» Considérant, toutefois, que le comblement de cette excavation ne pouvant nuire en aucune façon aux intérêts de la navigation, rien ne s'oppose à ce que l'on autorise les pétitionnaires à l'opérer eux-mêmes à leurs frais ;

» Arrêtons :

» Article 1er. — Les sieurs Barbe père et fils, négociants, demeurant à Nancy, sont autorisés à combler l'excavation située sur le côté droit du canal de la Marne au Rhin, immédiatement en amont de la maison éclusière n° 50.

» Art. 2. — Les travaux de remblai et de nivellement seront exécutés par les permissionnaires et à leurs frais.

» Art. 3. — La surface des remblais sera dressée conformément au tracé rouge figuré sur les profils ci-joints.

» Art. 4. — Pour l'exécution des travaux, les permissionnaires se conformeront aux prescriptions de détail qui leur seront données par les agents du service du canal.

» Art. 5. — Les permissionnaires seront tenus pour les dépôts à effectuer sur le port ainsi agrandi et pour le stationnement des bateaux, de se conformer aux règlements de police des ports du canal de la Marne au Rhin, en date du 21 mai 1856, et au règlement de police du 15 décembre 1855.

» Art. 6. — Faute par les permissionnaires de se conformer aux dispositions ci-dessus, il sera verbalisé contre eux pour contravention aux règlements de la police de la grande voirie, sans préjudice du retrait de la présente autorisation, et de la remise à leurs frais des lieux dans leur état primitif.

» Art. 7. — La présente autorisation ne confère, en aucun cas, aux permissionnaires, aucune espèce de droit sur l'emplacement comblé par eux, lequel restera entièrement à la disposition de l'administration et du public, si l'administration le jugeait convenable.

» Art. 8. — Les permissionnaires seront également tenus de remettre à leurs frais les lieux dans leur état primitif, si l'administration l'exigeait.

» Art. 9. — Ampliation du présent arrêté sera adressée tant à M. l'Ingénieur en chef du canal de la Marne au Rhin, chargé d'en assurer l'exécution, qu'à M. le Maire de Nancy, pour le notifier aux permissionnaires.

» Nancy, le 8 mars 1864.

» *Le Préfet,*

» Signé : G. DE SAINT-PAUL.

n Pour ampliation :

» *Le Secrétaire général.* »

NOTE 5.

« Nancy, le 1er avril 1864.

» Monsieur l'Inspecteur des forêts,

» Nous avons l'honneur de vous demander l'autorisation de reprendre l'exploitation de la carrière de moellons de la Valtriche, abandonnée depuis la cessation des travaux du canal de la Marne au Rhin, et du chemin de fer de l'Est.

» Nous acceptons les conditions habituelles auxquelles sont soumis les exploitants, et nous nous engageons à payer les redevances ainsi que les indemnités dues, soit pour ouverture du chemin d'exploitation, soit pour dégradation, soit pour occupation, acceptant, en un mot, la situation faite aux exploitants par les lois et le Code forestier.

» Confiants dans votre sollicitude éclairée, nous espérons, Monsieur, que vous nous permettrez de commencer l'extraction des pierres dans un bref délai, de façon à ce que nous puissions pousser rapidement *les travaux de notre usine métallurgique.*

» Agréez, Monsieur, l'assurance de toute notre considération. »

NOTE 6.

« Liverdun, le 1er mai 1864.

» Monsieur le Maire,

» Ayant besoin d'extraire et d'amener à l'avance à pied d'œuvre tous les *matériaux nécessaires à la construction de leur usine métallurgique,*

» Les soussignés ont l'honneur de vous demander l'autorisation d'ouvrir une carrière dans les bois communaux de Liverdun, sur la droite du chemin de Croisette. Ils vous prient, en conséquence, de vouloir bien déterminer les conditions que vous imposerez, et notamment le prix que vous attribuerez aux terrains à exploiter, et la durée de la concession. Nous joignons à notre demande un croquis portant l'indication de l'endroit où nous commencerions les travaux.

» Comptant sur la bienveillance avec laquelle vous accueillez les demandes des habitants de la commune, nous osons espérer, Monsieur le Maire, que vous voudrez bien accéder à nos vœux et favoriser ainsi la création des usines que nous allons fonder à Liverdun.

» Dans l'attente de votre décision et de celle de MM. les Magistrats municipaux, agréez, Monsieur le Maire, l'assurance de toute notre considération et de notre dévouement. »

DÉPARTEMENT DE LA MEURTHE.

Inspection de Toul.

4ᵉ *Conservation forestière.* — *Nº 123.*

« Toul, le 30 août 1864.

» Messieurs Barbe père et fils, à Nancy,

» J'ai l'honneur de vous informer que, par un arrêté du 23 du courant, M. le Préfet vous a autorisés à ouvrir, sur le sol forestier communal de Liverdun, le long du chemin de la Croisette, une carrière de moellons.

» Cette concession est faite pour une durée de six années. Elle comprend toute la partie figurée en voie sur le plan, et délimitée sur le terrain par des lignes ou filets, d'une contenance de 9 ares 33 centiares.

» L'arrêté de M. le Préfet vous impose les conditions suivantes :

» 1º Payer à la commune de Liverdun une indemnité qui sera réglée annuellement à raison de 25 fr. par arc de terrain occupé par le nouveau chemin, ou fouillé ou couvert par des dépôts ;

» 2º Maintenir les parois de la carrière sur une pente de 45º pour éviter les éboulements dans les parties où le sol ne forme pas une roche compacte ; dans celles-ci, elles pourront être taillées suivant des lignes verticales ;

» 3º Autant que possible, les excavations seront comblées et nivelées à l'expiration de la concession ;

» 4º Vous serez responsables de vos ouvriers et voituriers ;

» 5º Les bois existant sur l'emplacement délimité seront immédiatement façonnés et empilés sur le bord de la carrière à vos frais, pour être mis à la disposition de la commune.

» Agréez, Messieurs, etc.

» Pour le Sous-Inspecteur en congé :

» *Le Garde général des forêts,*

» Signé : CH. FOREST. »

NOTE 7.

« Liverdun, le 1ᵉʳ mars 1864.

» Le chemin de la Croisette, étant tracé en grande partie sur la crête de chambres d'emprunt très-profondes, est, par suite, une cause de dangers perpétuels. En outre, les terres sur lesquelles il est assis sont très-peu stables. Ce qui nécessite des réparations continuelles, et, pour plus tard, une réfection d'un coût considérable.

» Une voie passant le long du bois pour rejoindre le chemin du bac, serait d'un entretien facile et permettrait de sortir à frais réduits les produits des coupes communales.

» En conséquence, les soussignés, propriétaires des terrains longeant le bois, ont l'honneur de vous offrir un chemin qu'ils établiraient à leurs frais, en échange de celui existant actuellement, qui, par suite, leur appartiendrait : la nouvelle voie aurait la même largeur que l'ancienne.

» Nous joignons à notre offre un croquis portant l'indication du nouveau tracé.

» Nous osons espérer, Monsieur le Maire, que vous voudrez bien examiner et accueillir favorablement un projet dont l'exécution ne peut qu'être utile aux intérêts de la commune que vous administrez.

» Agréez, Monsieur le Maire, l'assurance de notre considération et de tout notre dévouement. »

NOTE 8.

« Liverdun, le 2 mai 1864.

« Monsieur le Préfet,

» Nous avons l'honneur de vous demander l'autorisation d'extraire du sable dans la Moselle, pour *nos constructions d'usine métallurgique de Liverdun*. Nous prendrions ce sable entre le Pont-Canal de Liverdun et le pont d'aval du chemin de fer. C'est le seul point où nous puissions en tirer, afin de l'amener sur nos terrains situés sur la rive droite de la Moselle.

» Dans l'espoir que vous daignerez nous accorder cette autorisation,

» Veuillez agréer, Monsieur le Préfet, l'assurance de notre entière considération. »

PRÉFECTURE DE LA MEURTHE.

2me Division. — Service des rivières navigables et flottables.

Autorisation aux sieurs Barbe père et fils, demeurant à Nancy, d'extraire du sable dans le lit de la rivière de la Meurthe.

« Nous, Préfet du département de la Meurthe, officier de la Légion d'honneur,

» Vu la demande fournie le 2 mai 1864 par les sieurs Barbe père et fils, négociants, demeurant à Nancy, à l'effet d'obtenir l'autorisation d'extraire du lit de la rivière de la Moselle sur le territoire de la commune de Liverdun, lieudit entre le Pont-Canal de Liverdun et le pont d'aval du chemin de fer, une certaine quantité de sable ;

» Vu les observations et les propositions de MM. les Ingénieurs du service de la navigation et du flottage en date des 15-17 mai 1864 ;

» Vu l'article 40 du titre 27 de l'ordonnance des Eaux et Forêts du mois d'août 1669 ; l'article de l'arrêt du Conseil du 24 juin 1777, et l'article 538 du Code Napoléon ;

» Considérant que les extractions dont il s'agit ne peuvent être qu'utiles à la navigation et au flottage ; considérant que la quantité approximative à extraire peut être évaluée à 300 mètres cubes de sable ;

» Arrêtons :

» Article 1er. — Les sieurs Barbe père et fils, négociants, demeurant à Nancy, sont autorisés à extraire 300 mètres cubes de sable du lit de la Moselle, lieu aux abords du Pont-Canal de Liverdun, territoire de cette commune.

» Art. 2. — Les extractions ne devront pas s'approcher à moins de 40 mètres à l'amont et à 60 mètres à l'aval, tant du Pont-Canal, que du pont d'aval du chemin de fer.

» Art. 3. — Les extractions auront lieu par décapements ou fouilles continues de 0,60 centimètres de profondeur au plus, à la fois sur 20 mètres au moins de longueur, soit dans les hauts fonds, soit dans les parties profondes, mais sans pouvoir s'approcher moins de 10 mètres des rives, ni descendre au-dessous du niveau des basses eaux, à une profondeur supérieure au quart de la distance de la rive la plus voisine. Toutes les dispositions de détail qui pourraient s'y attacher seront prescrites sur les lieux par M. Thiébaut, conducteur des ponts et chaussées, en résidence à Nancy, chargé du service de la navigation et du flottage de la rivière de la Moselle dans la partie dont il s'agit.

» Art. 4. — Ces extractions seront dirigées de manière qu'il n'en résulte aucune gêne pour celles nécessaires au service des routes.

» Art. 5. — La présente autorisation est accordée en ce qui concerne le domaine public seulement, et tous droits des tiers demeurent expressément réservés. Si donc elle donnait lieu à des plaintes de la part des tiers intéressés, le permissionnaire en serait seul responsable.

» Art. 6. — Les sieurs Barbe père et fils, ou les ouvriers employés par eux, devront toujours être munis du permis accordé.

» Art. 7. — L'autorisation ci-desssus ne sera valable que jusqu'au 31 décembre 1864 ; elle est, du reste, essentiellement précaire et révocable, et si l'administration juge à propos de la retirer à un moment quelconque, avant le délai ci-dessus fixé, le permissionnaire sera tenu de se conformer à sa décision, sans pouvoir prétendre à aucune indemnité.

» Art. 8. — Ampliation du présent arrêté sera adressée à M. le Maire de Nancy, pour le notifier aux permissionnaires, et avis en sera donné à M. l'Ingénieur en chef du service de la navigation et du flottage, chargé d'en assurer l'exécution.

» A Nancy, le 18 mai 1864.

» Pour le Préfet :

» *Le secrétaire général délégué,*
» Signé : Mila de Cabariev.

» Pour ampliation :
» *Le secrétaire général.* »

NOTE 9.

Liverdun, 9 mai 1864.

Monsieur le Maire de la commune de Liverdun,

Sachant quelle importance vous attachez à *l'établissement d'une* usine métallurgique sur le territoire de Liverdun, nous venons vous proposer, pour nous faciliter notre entreprise, de vouloir bien nous céder, à l'amiable, quatre parcelles de terre, appartenant au Bureau de bienfaisance, et situées de l'autre côté de l'eau :

» 1re Parcelle, section F, n° 597, contenant environ 9 ares 56 centiares, au montant de la Croisette ; entre Dominique Liénard à l'ouest et Charles Renard à l'est.

» 2e Parcelle, située au même lieu, contenant environ 9 ares 69 centiares ; entre Pierre Norlot à l'est et François Henrion à l'ouest, section F, n° 403.

» 3e Parcelle, partie des nos 413, 416, 417, section F, contenant environ 7 ares 40 centiares, au montant de la Croisette ; entre Alexis Colin à l'ouest et plusieurs aboutissants à l'est ; au midi, MM. Barbe père et fils et les héritiers Bertrand ; au nord, la commune de Liverdun.

» 4e Parcelle, section F, n° 455, environ 4 ares 10 centiares en nature de prés, sur l'ancien chemin de Frouard ; entre MM. Barbe père et fils à l'ouest et Jean-Baptiste Robert à l'est.

» Le prix de ces parcelles serait payé en rentes sur l'État 3 0/0, et en se conformant aux prescriptions qui seraient imposées par M. le Préfet du département de la Meurthe. »

NOTE 10.

« Monsieur le Maire de Liverdun,

» Sachant quelle importance vous attachez à *l'établissement d'une usine métallurgique, sur le territoire de Liverdun*, nous venons vous proposer, Monsieur le Maire, pour nous faciliter notre entreprise, de vouloir bien nous échanger à l'amiable les terrains ci-après désignés, contre d'autres propriétés d'au moins une valeur égale, dont nous ferions acquisition, en vue de cette opération.

» Les terrains demandés par nous sont les suivants :

» 1° Le pré des Épines, contenant environ 104 ares 11 centiares entre la Moselle au nord et plusieurs aboutissants au midi ;

» 2° La morte Saint-Nicolas, contenant environ 14 ares 80 centiares.

» Comptant sur la bienveillance que vous avez montrée jusqu'ici, et sur la faveur avec laquelle vous avez accueilli toutes les demandes devant tourner à l'avantage de la commune, nous osons espérer, Monsieur le Maire, que vous voudrez bien prendre en considération notre nouvelle pétition. »

NOTE 11.

À M. le Préfet du département de la Meurthe.

« Nancy, le 18 mai 1864.

» Monsieur le Préfet,

» Afin de pouvoir construire nos usines métallurgiques de Liverdun, il nous faut préparer à l'avance tous les matériaux nécessaires à la construction et les amener à pied d'œuvre.

» En conséquence, nous avons l'honneur, Monsieur le Préfet, de vous demander de vouloir bien nous concéder les locations des terrains ci-dessous désignés, appartenant à l'Etat, pour y mettre ces matériaux en dépôt.

» Ces terrains nous serviraient par la suite à mettre également en dépôt les approvisionnements de l'usine, tels que coke, castine, houille, sable, etc.

» Ces terrains se trouvent compris sur le plan ci-annexé, dans les polygones suivants. . . . .

» Confiants dans votre bienveillante sollicitude pour tous les intérêts de l'industrie, nous osons espérer que vous daignerez répondre favorablement à notre demande, et vous prions d'agréer, Monsieur le Préfet, l'expression de notre entier dévouement. »

PRÉFECTURE DU DÉPARTEMENT DE LA MEURTHE.

2ᵉ Division. — Ponts et chaussées.

Location de terrains dépendant du canal de la Marne au Rhin.

« Nous, Préfet du département de la Meurthe,

» Vu la pétition présentée le 18 mai 1864, par MM. Barbe père et fils, propriétaires, domiciliés à Nancy, à l'effet d'obtenir la concession, à titre de bail, de différents terrains dépendant du canal de la Marne au Rhin et situés sur le côté droit de cette voie navigable, en aval de la maison éclusière de Liverdun, pour y déposer les matériaux nécessaires à la construction d'une usine métallurgique sur le territoire de ladite commune ;

» Vu le plan des lieux produit à l'appui de cette demande ;

» Vu le rapport de MM. les ingénieurs du canal, des 9 juin dernier et 4 juillet courant ;

» Vu l'avis de M. le directeur des contributions indirectes ;

» Vu le règlement du 13 décembre 1855, sur la police et la conservation du canal et de ses dépendances ;

» Considérant que, de ces divers terrains, ceux désignés sous les trois premiers numéros ont une affectation spéciale dont on ne peut les distraire en faveur d'un intérêt privé, de quelqu'importance qu'il soit ; que l'on peut disposer sans inconvénient du terrain n° 4, qui présente un développement plus que suffisant pour l'usage auquel il est destiné ; que, d'ailleurs, l'administration n'entend, à ce sujet, se lier en aucune façon pour l'avenir ;

» Considérant que la redevance à imposer paraît en rapport avec l'importance de la concession sollicitée et que les conditions proposées par MM. les ingénieurs suffiront pour garantir les intérêts de l'Etat ;

» Arrêtons :

» Article 1ᵉʳ. — Les sieurs Barbe père et fils, propriétaires, demeurant à Nancy, faubourg Saint-Jean, n° 7, sont autorisés à former des dépôts de matériaux dans une chambre d'emprunt d'une surface de 1 hectare 57 ares 62 centiares, dépendant du canal de la Marne au Rhin, située sur la droite de ce canal sur le territoire de la commune de Liverdun, lieux dits : Montant-de-la-Croisette et Côte-Châtillon, et marquée par les lettres N, O, P....., sur le plan ci-joint.

» Art. 2. — Les permissionnaires paieront, à titre de redevance, entre les mains du receveur des contributions indirectes en résidence à Champigneulles, une somme annuelle de 2 fr. par are, soit 315 fr. 24 c. pour la surface totale.

» Cette redevance sera payable d'avance et en un seul terme, chaque année au 1er janvier.

» La première annuité sera acquittée dans la quinzaine qui suivra la notification du présent arrêté; elle sera calculée au prorata du temps restant à écouler jusqu'au 31 décembre suivant.

» Art. 3. — La présente autorisation est purement précaire et révocable, et l'administration se réserve le droit de la retirer et de la modifier à toute époque et sans indemnités pour les permissionnaires.

» Art. 4. — Les permissionnaires ne seront pas admis à réclamer le remboursement d'une portion quelconque de la redevance payée d'avance, même dans le cas où il leur serait fait application des dispositions des art. 3 et 4 ci-dessus.

» Art. 5. — Avant la prise de possession, il sera dressé un procès-verbal de l'état des lieux, par le conducteur des ponts et chaussées Arnould, en résidence à Nancy, en présence des permissionnaires, dûment convoqués à cet effet.

» Une expédition de ce procès-verbal signée par les permissionnaires et par le conducteur des ponts et chaussées Arnould, sera déposée à la Préfecture, pour rester jointe au présent arrêté.

» Art. 6. — En cas de retrait de la concession, pour quel motif que ce soit, les permissionnaires seront tenus de remettre les lieux dans leur état primitif dans un délai d'un mois, compté du jour de la notification qui leur en sera faite, faute de quoi il y sera pourvu en régie, à leurs frais, par les soins de M. l'ingénieur en chef du canal de la Marne au Rhin, et cela sans préjudice de toute poursuite pour contravention en matière de grande voirie.

» Art. 7. — Ampliation du présent arrêté sera adressée à M. le Maire de Nancy, prié de le notifier aux permissionnaires et de nous adresser un certificat constatant cette notification.

» Avis en sera donné à M. l'ingénieur en chef du canal de la Marne au Rhin, chargé d'assurer l'exécution dudit arrêté, dont un extrait, en ce qui concerne la redevance, sera délivré à M. le directeur des contributions indirectes.

» Nancy, le 26 juillet 1864.

» *Le Préfet,*
» Signé : G. DE SAINT-PAUL.

« Pour ampliation :

» *Le secrétaire général,*
» Signé : MILA DE CABARIEU. »

(*A Monsieur le Maire de Nancy.*)

NOTE 12.

A M. le Préfet du département de la Meurthe.

« Monsieur le Préfet,

» Afin de pouvoir réunir à l'avance la quantité de minerai nécessaire à la mise en marche de nos usines, et faire dans des hauts-fourneaux les essais qui nous permettront d'apprécier son rendement, nous avons l'honneur, Monsieur le Préfet, de vous demander l'autorisation d'installer des estacades dans le port situé en amont de l'écluse de Liverdun.

» Nous joignons à notre demande un plan de lieux et le détail de l'installation projetée. Ces estacades, avec le terrain nécessaire pour dépôt de minerai, occuperaient la surface A, B, C, D, soit environ 450 mètres carrés. Ce port est séparé du canal par le chemin communal de Liverdun à Frouard.

» S'il était possible de modifier le tracé de cette route, de façon à la faire passer le long du talus de la chambre d'emprunt, ce qui n'allongerait le chemin que de 40 mètres environ, on donnerait une plus grande facilité au chargement et au déchargement du bateau, et on ne serait plus exposé à entraver par ces travaux la circulation des voitures sur la route. D'un autre côté, ce port gagnerait en étendue toute la largeur de la banquette du canal, et serait désormais placé dans les mêmes conditions favorables que tous ceux qu'on a livrés au commerce et à l'industrie le long du canal de la Marne au Rhin.

» Permettez-nous, Monsieur le Préfet, d'émettre comme vœu l'amélioration de ce port par le déplacement du chemin, et d'espérer que, dans votre sollicitude éclairée pour l'industrie, vous voudrez bien prendre en considération cette pétition.

» Agréez, Monsieur le Préfet, etc.

» Nancy, le 18 mai 1864. »

PRÉFECTURE DU DÉPARTEMENT DE LA MEURTHE.

2me Division. — No 2278. E.

CANAL DE LA MARNE AU RHIN.

Etablissement d'une Estacade.

« Nous, Préfet de la Meurthe,

» Vu la pétition en date du 30 mai 1864 par laquelle MM. Barbe père et fils, maîtres de forges, domiciliés à Nancy, sollicitent : 1° l'autorisation d'établir des estacades sur le canal de la Marne au Rhin, près de l'écluse de Liverdun ; 2° l'agrandissement de ce port en rectifiant le chemin vicinal de Liverdun à Frouard.

» Vu le rapport de MM. les Ingénieurs du canal des 10 juin et 4 juillet suivant ;

» Vu l'avis de M. le directeur des contributions indirectes du 9 du même mois de juillet ;

» Vu un deuxième rapport de MM. les Ingénieurs des 13 et 20 août courant ;

» Vu le règlement général du 13 décembre 1853 sur la police et la conservation du canal et de ses dépendances ;

» Considérant que l'autorisation sollicitée par les pétitionnaires peut leur être accordée sans inconvénient, en la subordonnant aux conditions proposées par MM. les Ingénieurs ;

» Que la vallée de la Moselle, surtout dans le voisinage de Liverdun, est appelée, il est vrai, à acquérir une importance majeure, mais que, quant à présent, le mouvement commercial n'est pas assez développé sur ce point pour que l'on ait à craindre des encombrements, et qu'ainsi l'agrandissement du port peut être différé, ainsi que la rectification du chemin qui en serait la conséquence.

» Arrêtons :

» Article 1er. — Les sieurs Barbe père et fils, maîtres de forges, demeurant à Nancy, faubourg Saint-Jean, n° 7, sont autorisés à occuper une surface de 450 mètres carrés du port de l'écluse de Liverdun et d'établir sur ce terrain une estacade pour le déchargement du minerai de fer.

» Art. 2. — Les permissionnaires paieront d'avance, et au 1er janvier de chaque année, entre les mains du receveur des contributions indirectes de Champigneulles, une redevance de 100 fr. 87 c.

» Pour la présente année, le montant de la redevance sera calculé au prorata du temps à écouler entre le jour de la notification de l'autorisation et le 31 décembre suivant.

» Art. 3. — La présente autorisation est essentiellement précaire et révocable, et l'administration se réserve le droit de la retirer et de la modifier à toute époque, et sans indemnités pour les permissionnaires.

» Art. 4. — Les permissionnaires ne pourront réclamer le remboursement d'aucune partie de la redevance payée d'avance, même dans le cas où il leur serait fait application des dispositions de l'article 3 ci-dessus.

» Art. 5. — Avant la prise de possession, il sera dressé un procès-verbal de l'état des lieux, par le conducteur des ponts-et-chaussées Arnould, en résidence à Nancy, en présence des permissionnaires dûment appelés à y assister.

» Une expédition de ce procès-verbal, signée par les permissionnaires et par le conducteur des ponts-et-chaussées Arnould, sera déposée à la Préfecture, pour rester jointe au présent arrêté.

» Art. 6. — Dans le cas de retrait de la présente autorisation, pour quel motif que ce soit, les permissionnaires sont tenus de rétablir les lieux dans leur état primitif, et cela dans un délai de quinze jours, faute de quoi il y sera pourvu en régie et à leurs frais, par les soins de M. l'Ingénieur en chef du canal de la Marne au Rhin, sans préjudice de toute poursuite pour contravention en matière de grande voirie.

» Art. 7. — Ampliation du présent arrêté sera adressée tant à M. l'Ingénieur en chef du canal de la Marne au Rhin, chargé d'en assurer l'exécution, qu'à M. le Maire de Nancy, prié de le notifier aux permissionnaires.

» Extrait en sera délivré à M. le directeur des contributions indirectes, en ce qui concerne la redevance.

» Nancy, le 24 août 1864.

» Pour le Préfet :

» *Le secrétaire général délégué,*
» Signé : MILA DE CABARIEU.

» Pour ampliation :

» *Le secrétaire général,*
» Signé : MILA DE CABARIEU. »

NOTE 13.

A Monsieur le Préfet du département de la Meurthe,
MM. Barbe père et fils.

« Monsieur le Préfet,

» Ayant acquis environ quatorze hectares de terrain sur le ban de Liverdun, placés sur le front de la concession de minerai de fer que nous avons sollicitée, par une pétition en date du 14 novembre 1863, nous venons aujourd'hui, Monsieur le Préfet, vous demander l'autorisation d'établir, dans ces propriétés, une usine métallurgique.

» Cette usine comporterait quatre hauts-fourneaux, ayant quinze mètres de hauteur, quatre mètres quatre-vingts centimètres au vente et cent quarante mètres de volume intérieur, pouvant produire chacun vingt-cinq mille kilogrammes de fonte chaque jour ; la production totale de l'usine serait donc de cent tonnes par vingt-quatre heures de travail.

» Nous joignons à notre demande, en triple expédition, le plan d'ensemble de l'usine projetée, à l'échelle du 1/500, ainsi que le détail d'un fourneau à l'échelle du 1/100 ; les dessins portent les indications exactes de la distance qui séparerait cette usine de l'écluse de Liverdun, du nombre des bâtiments et appareils à construire et de leur destination.

» Nous joignons en outre à notre pétition, un certificat de propriété émanant de Mes Crépin, notaire à Nancy, et Jeanson, aussi notaire à Rosières-en-Haye, chez lesquels ont été passés les contrats d'acquisition. Nous attendons nos autres titres, que nous aurons l'honneur de tenir à votre disposition, si vous désirez en prendre connaissance.

» Confiants dans votre sollicitude éclairée pour l'industrie, nous osons espérer, Monsieur le Préfet, que vous voudrez bien accueillir favorablement cette demande, que nous nous décidons à vous adresser en ce moment, sans attendre plus longtemps l'homologation de la nouvelle loi concernant les usines.

» Daignez agréer, etc.

» Nancy le 30 mai 1864. »

NOTE 14.

« Liverdun, le 4 septembre 1864.

» Messieurs Barbe père et fils,

» J'ai l'honneur de vous informer que la demande du 24 juin 1864, que vous avez adressée à M. le Préfet pour obtenir l'autorisation de faire usage de dix chaudières à vapeur et de quatre machines pour le service de votre usine à fer, que vous vous proposez d'établir dans cette commune, est accordée.

» Une expédition de l'arrêté de M. le Préfet, en date du 17 août dernier, est déposée aux archives de la Mairie, et vous pourrez en prendre connaissance quand bon vous semblera.

» Recevez, Messieurs, etc.

» Le Maire de Liverdun, Signé : JEAN MARTIN. »

NOTE 15.

Nature de l'affaire: Construction à distance prohibée. — *N° 128.*

« Toul, le 30 août 1864.

» Messieurs Barbe père et fils,

» J'ai l'honneur de vous informer que, par un arrêté du 23 courant, M. le Préfet vous a autorisés, sous les conditions prescrites par l'article 157 du code forestier, les droits des tiers réservés, à construire, à la distance de 20 à 180ᵐ de la forêt communale de Liverdun, quinze maisons d'ouvriers, une maison de direction et une usine métallurgique composée de quatre hauts-fourneaux et de sept bâtiments, à charge de vous engager préalablement, par acte notarié (dont une expédition sera remise aux archives de l'Inspection), « pour vous, vos héritiers ou ayants-droit, à démolir ces diverses » constructions sur une sommation extra-judiciaire qui vous serait » faite en vertu d'une décision statuant qu'elles sont devenues pré- » judiciables au sol forestier, par suite de délits dont les tribunaux » auront reconnu l'existence. »

» Je vous prie de m'adresser le plus tôt qu'il vous sera possible, une expédition de l'acte notarié que vous devez souscrire.

» Agréez, Messieurs, l'hommage de mes sentiments les plus distingués.

» Pour le Sous-Inspecteur des forêts en congé :

» *Le Garde Général,* Signé : Ch. FOREST. »

NOTE 16.

A Monsieur Sauvage, Ingénieur en chef des mines, Directeur de la Compagnie des chemins de fer de l'Est.

« Nancy, le 28 septembre 1864.

» Monsieur l'Ingénieur en chef,

» Comme propriétaires des usines de Tusey (Meuse), qui se trouvent placées sur la ligne de Chaumont à Pagny-sur-Meuse,

» Nous allons employer dans nos établissements du minerai provenant de nos exploitations de Liverdun (Meurthe). Dès que le nouveau chemin de Pagny à Chaumont sera livré à l'exploitation, nous aurons intérêt à expédier ce minerai par la voie ferrée, pourvu, toutefois, que nous puissions charger directement les wagons à Liverdun sur le carreau de la mine, et les décharger à Tusey au pied du monte-charges. D'un autre côté, comme propriétaires de terrains à Liverdun, sur lesquels nous allons élever des hauts-fourneaux, nous avons aussi intérêt à recevoir directement, dans ces nouvelles usines, tous les matériaux nécessaires aux constructions, et ensuite le combustible indispensable au roulement des fourneaux ; en outre, il serait bon que nous puissions aussi, comme tous les établissements actuellement existant, charger directement sur wagons les fontes produites, dont la majeure partie ira alimenter la seconde fusion de nos usines de Tusey.

» Nous venons donc, Monsieur, vous prier de vouloir bien nous autoriser à créer, sous la surveillance de MM. les Ingénieurs de la voie, un raccordement à Liverdun : il se soudrait à la ligne principale en un point situé entre le pont d'aval et le disque de protection de la gare, et on arriverait à l'usine après avoir franchi le canal de la Marne au Rhin, à l'aide d'un pont en tôle ; la longueur totale de cette nouvelle voie serait d'environ 400 mètres.

» Connaissant votre sympathie pour l'industrie, dont vous avez toujours favorisé le développement, nous osons espérer, Monsieur, que vous voudrez bien accueillir favorablement notre demande. Le travail que nous allons exécuter, ne pouvant qu'être très-avantageux pour le chemin de fer de l'Est, puisque nous lui apportons un nouvel élément de trafic, nous espérons, que vous pourrez nous mettre bientôt à même de commencer les travaux projetés.

» Agréez, etc.   BARBE père et fils. »

NOTE 17.

» Désirant commencer immédiatement les travaux de notre usine de Liverdun et profiter des déblais, à enlever pour établir notre raccordement avec le chemin de fer, nous venons, Monsieur le Préfet, solliciter de votre bienveillance l'autorisation d'établir sur le sol même et en suivant la ligne bleue indiquée sur le plan ci-joint, une voie temporaire de chemin de fer à petite section (0m 80 de largeur environ) :

1° Suivant les terrains appartenant à l'Etat dans la partie A B C D, comprenant une longueur d'environ 500m et la partie G H, avoisinant le chemin de fer sur une longueur de 30 mètres.

» 2° Traversant à nouveau le chemin vicinal de Frouard à Liverdun de D en E.

» 3° Suivant le chemin de défraîtement de E en F, sur une longueur de 110m environ, et la digue de F en G sur 100m de longueur. La traction sur cette voie sera faite avec des chevaux et avec les deux voies de garage indiquées sur le plan, l'une avant la traversée du chemin vicinal, l'autre sur la digue. La circulation du reste, fort restreinte à cette époque de l'année, ne pourra nulle part être entravée.

» Nous sollicitons en outre, de votre bonté, Monsieur le Préfet, l'autorisation de remblayer jusqu'au niveau de la partie supérieure de la digue, les terrains de l'Etat dans la partie P M N, comprenant environ 225 mètres carrés. Ce travail ne pourra que consolider la digue.

» Confiants dans votre sollicitude éclairée et celle de MM. les Ingénieurs du Gouvernement, nous espérons, Monsieur le Préfet, que vous voudrez bien prendre en considération notre demande, et nous permettre de commencer immédiatement des travaux importants, et occuper ainsi les nombreux ouvriers de ce pays, sans ouvrage à cette époque de l'année. »

(Le 16 janvier 1865.)

NOTE 18.

« Monsieur le Préfet,

» Nous, soussignés, avons l'honneur de vous exposer que, pour faciliter notre raccordement avec le chemin de fer et le dépôt des matériaux que nous devons recevoir pour notre usine de Liverdun, il serait pour nous de la plus grande utilité d'avoir en location les terrains appartenant à l'État et compris sur le plan ci-joint, dans les polygones A B C D E F G, H I J K, M N P, R S T U.

» De ces quatre parcelles, trois seront affectées à des dépôts de matériaux; la seule parcelle comprise dans le polygone H I J K serait remblayée au niveau du chemin de fer, et une des culées du pont à jeter sur le canal pour notre raccordement serait construite dessus; l'autre culée serait placée sur un terrain appartenant également à l'État et dont nous sommes locataires.

» Confiants dans votre sollicitude pour l'industrie, nous espérons, Monsieur le Préfet, que vous voudrez bien prendre cette demande en considération et faciliter ainsi l'établissement d'une usine importante à Liverdun, laquelle devra apporter, dans l'avenir, du travail et le bien-être à la classe ouvrière du pays.

» Agréez, etc. »

(Le 20 janvier 1865.)

NOTE 19.

« Nous, soussignés, désirant faciliter les expéditions de notre usine de Liverdun par le chemin de fer, nous avons l'honneur de vous demander l'autorisation d'établir deux ponts à deux étages, l'un sur le chemin vicinal de Frouard à Liverdun, l'autre sur le canal de la Marne au Rhin, à une distance d'environ 400^m en aval de l'écluse n° 30. Ainsi qu'il est indiqué sur les dessins ci-joints :

» Le premier, de 4^m d'ouverture et 3^m 70 de hauteur au-dessus du sol du chemin;

» Le second, de 22^m d'ouverture et placé à 3^m 50 au-dessus du niveau d'eau, serait formé de deux poutres en treillis de 2^m 25 de hauteur. Il serait réservé un passage de 3^m pour le chemin de halage, et un de 1^m 30 pour le passage opposé.

» Ces ponts, pourvus chacun d'une double voie et à deux étages superposés, espacés de 2^m 25, sont destinés au passage des petits wagons de mine chargés au plus 1,400 kilogrammes.

» La résistance des diverses pièces dont ils seront composés, a, du reste, été calculée pour une charge beaucoup plus grande.

» Confiants dans votre sollicitude éclairée et celle de MM. les Ingénieurs de l'État pour tout ce qui intéresse le développement de l'industrie du pays, nous vous prions, Monsieur le Préfet, de vouloir bien prendre cette demande en considération, et nous faciliter ainsi notre raccordement avec le chemin de fer de l'Est, ce qui nous permettra, en ayant les transports faciles, de donner à notre usine de Liverdun tout le développement que sa position privilégiée semble lui promettre.

» Agréez, etc. » (Le 20 janvier 1865.)

NOTE 20.

Ce prix de 2 fr. 50 ressort d'un procès qui a surgi entre les liqui-
dateurs de l'usine de Pont-à-Mousson et les adjudicataires en 1862.
Tous les livres ont été fournis à l'appui de ce prix de revient, qui ne
saurait être douteux et qui est le résultat d'une exploitation en grand,
menée pendant plusieurs années.

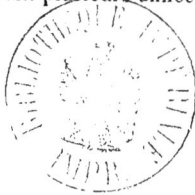

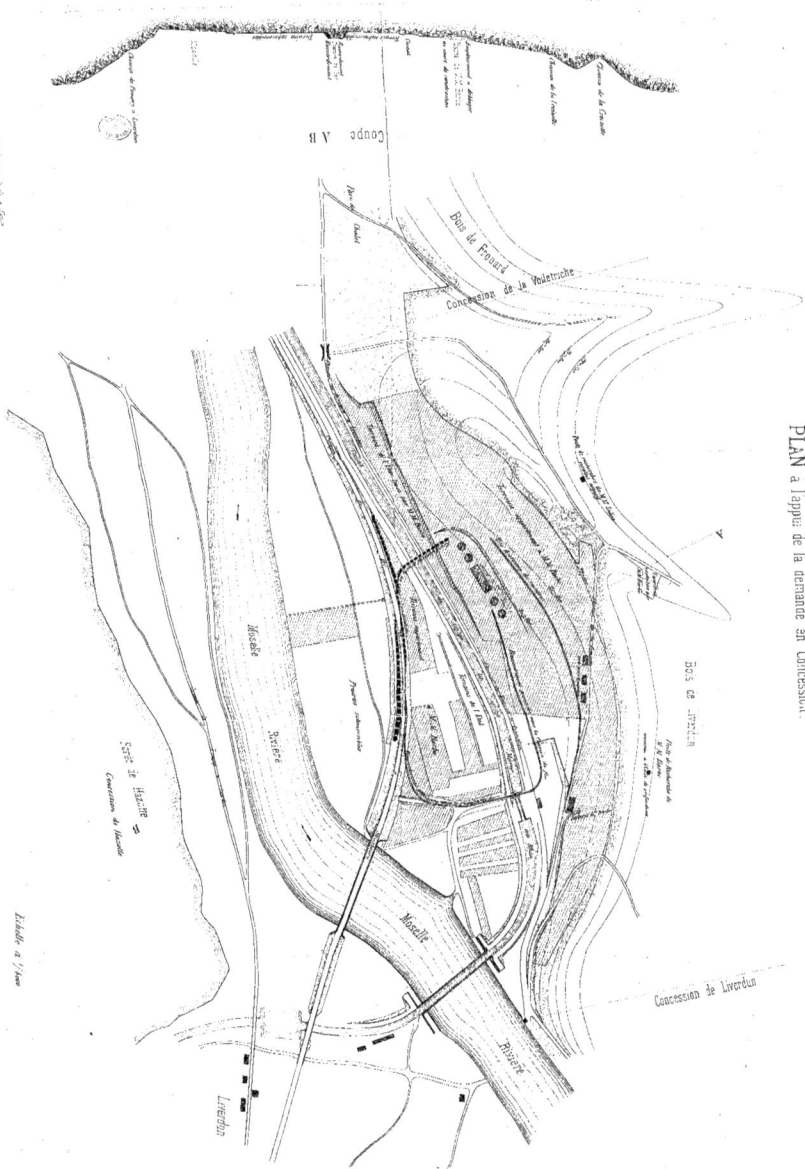

PLAN a l'appui de la demande en Concession.

Coupe A B

Nancy, imp. Hinzelin et Comp.